山地海绵城市
▶ 建设理论与实践

Sponge City of Mountainous Region:
Theory and Practice

雷晓玲 吕 波 主编

中国建筑工业出版社

图书在版编目（CIP）数据

山地海绵城市建设理论与实践 / 雷晓玲，吕波主编. — 北京：中国建筑工业出版社，2017.5
（山地海绵城市建设丛书）
ISBN 978-7-112-20593-6

Ⅰ.①山…　Ⅱ.①雷…　②吕…　Ⅲ.①山区城市 — 城市建设 — 研究 — 重庆　Ⅳ.①TU984.271.9

中国版本图书馆CIP数据核字（2017）第060298号

　　本书以重庆市海绵城市建设工程技术研究中心开展的山地海绵城市建设经验为蓝本，着重阐述山地海绵城市建设的理论与实践。通过选取典型山地海绵城市实践案例，从海绵城市的基础研究、重庆山地海绵城市的推进与管理、山地海绵城市的规划与设计、山地海绵城市建设技术措施与维护等方面展开雨洪管理策略及体系的介绍，提出山地城市建设海绵城市的水生态、水环境、水资源解决思路和方案，以期构建山地海绵城市建设标准目标体系和管理体系。

　　本书可以作为市政、环保等行业工程技术人员的参考书目。

责任编辑：刘爱灵
版式设计：京点制版
责任校对：焦　乐　李欣慰

山地海绵城市建设丛书
山地海绵城市建设理论与实践
雷晓玲　吕　波　主编

＊

中国建筑工业出版社出版、发行（北京海淀三里河路9号）
各地新华书店、建筑书店经销
北京京点图文设计有限公司制版
北京顺诚彩色印刷有限公司印刷

＊

开本：787×1092毫米　1/16　印张：11¼　字数：247千字
2017年4月第一版　2017年4月第一次印刷
定价：88.00元
ISBN 978-7-112-20593-6
（30260）

编写人员

主　　编：雷晓玲　吕　波

参编人员：杨　威　潘终胜　袁　廷　袁绍春

　　　　　杜安珂　陈　垚　彭　颖　靳俊伟

　　　　　蒲贵兵　尹洪军　毛绪昱　程　巍

　　　　　毕生兰　苏定江　刘国涛　魏泽军

　　　　　黄媛媛　刘　宁

序言 PREFACE

我国城镇化正处于高速发展阶段，城镇人口密集程度日益提高，2015年城镇化率已达到56%。传统的城市建设理念偏重于经济和社会功能，强调"坚固耐用、经济美观"，对生态环境和水源涵养功能的考虑不足，特别是对城市化的水文效应认识不足。城市化发展在带来经济社会群聚红利的同时，也造成水循环过程的畸变和区域性气候的演变，给生态环境带来巨大压力，各类水问题日益凸显。城市是自然水循环和社会水循环"二元"演化程度最深的地区，社会水循环对自然水循环的冲击尤为明显。近50年来，虽然全国最大雨量增减不明显，但短历时暴雨强度增加、极端降水日数却在增加，尤其是在城市及周边地区，"雨岛效应"更加明显，城市"雨岛效应"和下垫面产汇流过程畸变导致内涝现象频发。在此背景下海绵城市建设应运而生，其最根本目标是尽量减少社会水循环对自然水循环的冲击，实现立体多层次多功能分流分滞，在基本遵循自然产汇流规律的基础上，利用城市空间对降雨"化整为零"进行收集和储存，即就地渗排，构建分散立体多层次、多功能的分流分滞系统。通过维持自然水循环和社会水循环的平衡，让水的生态功能、经济功能发挥到极致。

作为一个多丘陵和山地的国家，我国山地面积约为650万平方公里，山地城镇约占全国城镇总数的一半，在城镇化进程中山地型城市建设占有浓墨重彩的一笔。重庆市具有典型山地城市特点，地形高差大、道路坡度大、汇流速度快、降雨雨峰靠前、下垫面污染较严重，对复杂地形暴雨积水风险的管理、径流峰值的削减以及径流污染的控制一直以来都是排洪防涝类工程建设的首要目标。雷晓玲、吕波研究团队是山地海绵城市建设的开拓者，近年来先后在重庆市开展了初期雨水截留、径流污染控制、暴雨公式修订、雨水灌渠优选等工作，在全国率先结合GIS软件和水力模型技术高质量高效率地完成了主城建成区内60%以上区域详细水力模拟，制定了具有典型示范作用的排水防涝综合规划，为海绵城市建设抢占了有力先机。

自国家2015年启动海绵城市建设试点以来，雷晓玲、吕波研究团队积极争取和切入，在山地海绵城市理念指导下，通过保护利用河湖水系、控制径流源头、消减面源污染管理洪涝风险等手段，保障了重庆市山地城市建设的可持续发展。在山地海绵城市动态建设的过程中，无论在从山地海绵城市建设的理念、技术和管理方面，还是工程的复杂性和规模方面，都经历了各种挑战，积累了山地海绵城市建设完善的理论方法和丰富的实践经验。团队在重庆市相关单位支持下为"1（国家级悦来新城）+3（市级万州区、璧山区、秀山县）"海绵城市建设提供全程技术支撑，规划建设山地特色海绵城市，提出了海绵城市建设的具体目标要求。所确定的悦来、秀山等试点区域拥有山地城市独特的自然地理特点，加之其他因素共同造就了降雨、径流、洪涝的特点，这些特点以及该区域的水资源、水环境质量、现状工程体系展现出的状况为山地海绵城市建设绘制了蓝本。

　　该专著总结凝练了重庆市在山地海绵城市建设过程中的理论和实践经验，其充分利用山地地形来维持水循环"二元"平衡的思路值得借鉴和推广。我希望该专著能在山地城市新型城镇化道路中发挥更加重要的作用，为全国山地海绵城市建设实践提供强有力的理论和技术支撑，乐之为序。

中国工程院院士

2017 年 2 月 22 日

前言 | Introduction

　　传统城市建设理念偏重于经济和社会功能，对生态环境和水源涵养功能的考虑不足，造成一系列问题。海绵城市建设以城市雨洪管理为核心，通过构建径流控制、雨水弃流等管控系统，实现立体多层次多功能分流分滞，为城市"水生态、水安全、水环境、水资源"治理提供必要保障。国外城市雨洪管理理念将城市水环境问题和城市规划设计结合，提出了低影响开发（LID）、低影响城市设计与发展（LIUDD）、水敏性城市设计（WSUD）、可持续城市排水系统（SUDS）等多种城市雨洪管理策略。低影响开发采用源头削减、过程控制、末端处理的方法进行渗透、过滤、蓄存和滞留，防治内涝灾害；低影响城市设计与发展既吸收低影响开发技术的工程设计理念，也借鉴水敏性城市设计经验；水敏感性城市设计侧重"净、用"，强调城市水循环过程的"拟自然设计"；可持续城市排水系统则侧重"蓄、滞、渗"，提出了储水箱、渗水坑、蓄水池、人工湿地等四种途径"消化"雨水，减轻城市排水系统的压力。我国自 2013 年习近平总书记在中央城镇化工作会议上提出要建设"自然积存、自然渗透、自然净化的海绵城市"以来，陆续启动了两批海绵城市建设试点，在学习借鉴国外先进城市雨洪管理策略基础上，建设适合我国实际的海绵城市管理体系。重庆市作为山地海绵城市建设试点，针对山地城市地质地形地貌复杂、城市下垫面硬化率高、低洼地区排水困难逢雨即涝等特点，在山地海绵城市建设理论、规划、实践等方面积累了丰富的经验。

　　重庆市以首批国家海绵城市建设试点为契机，及时发布了《重庆市人民政府办公厅关于推进海绵城市建设的实施意见》，着力规划和建设山地特色海绵城市，有序指导和推进了山地海绵城市建设。开展海绵城市建设顶层设计，提出了海绵城市建设目标要求：预计到 2020 年城市建成区 20% 以上的面积要达到海绵城市目标要求，到 2030 年城市建成区 80% 以上的面积达到海绵城市建设目标要求。重庆市先后成立了重庆市海绵城市建设工程技术研究中心和重庆市海绵城市建设专家委员会，在重庆市政府及主管单位指导下，开展了重庆市海绵城市建设的规划设计、标准制定、工程建设等工作，形成了海绵城市建设政策系列文件和技术指标体系，建立了以点带面、覆盖全市的"1（国家级悦来新城）+3（市级万州区、璧山区、秀山县）"海绵城市试点格局。

　　重庆市海绵城市建设工程技术研究中心（简称"中心"）作为全国第一个海绵城市建

设领域省级研发机构，经重庆市科委、市城乡建委授牌，由重庆市科学技术研究院和重庆市市政设计研究院合作共建。中心研究团队按照国家及重庆市海绵城市建设的目标要求，结合重庆市山地城市实际，在悦来、璧山、万州、秀山等地开展山地海绵城市建设探索，重点总结不同区域、不同降雨特征、不同水体水系特征海绵城市建设经验。在悦来国家海绵城市试点，重点解决滨江山地城市的径流污染问题；在万州市级海绵城市试点，重点解决长江流域及三峡库区回水区和消落带城市的水土流失及水环境问题；在璧山市级海绵城市试点，重点解决内陆丘陵工程性缺水城市的水资源及水安全问题；在秀山市级海绵城市试点，重点解决内陆山地城市的水生态问题。

本书以典型山地海绵城市建设为主题，全面系统阐述山地海绵城市概念，明确山地海绵城市雨洪管理和环境治理技术指标体系，详细介绍山地海绵城市关键适用技术、管理规划政策、标准目标体系、工程案例等，分享山地海绵城市工程技术实践经验，为我国城市尤其是山地城市建设海绵城市提供解决思路。

本书在编写过程中得到了重庆市城乡建设委员会、重庆市科学技术委员会、重庆市规划局等单位有关领导的关心和支持，特别是中国建筑工业出版社刘爱灵编审给予了热情的鼓励和帮助，我们表示衷心感谢。另外，也感谢重庆悦来投资集团有限公司、万州区城乡建设委员会、璧山区城乡建设委员会、秀山县城乡建设委员会等单位的帮助与支持。

限于知识范围和学术水平，书中难免存在不足之处，恳请读者批评指正。

编者

2017 年 2 月

目录 | CONTENTS

第1章
海绵城市概述

1.1 高速城镇化带来诸多问题

世界范围的城市化扩展和不透水下垫面的增加不断改变了自然水文过程，阻止雨水在透水下垫面中的自然渗透，干扰自然水文过程中的蒸散过程，从而增加地表径流量及其可变性，增加下游洪涝风险，并减少地下水补给量，引发城市内涝、水环境恶化、水资源短缺、水生态破坏等诸多问题。

城市的外洪内涝是一个很突出的问题。据国家防汛抗旱总指挥部办公室副主任张家团对我国城市内涝现状的描述："2012、2013、2014 这三年我们有一个统计，平均每年有100 多个城市受到外洪内涝的威胁，2012 年有 184 座城市发生内涝，2013 年有 234 座城市内涝，2014 年有 125 座城市内涝，这里边就包括了北京、上海、广州这样的大城市，这个问题非常突出。"截至 2015 年 1 ~ 8 月，内涝的城市达 154 个。2016 年夏，因水而兴的长江沿线的城市开启了暴雨"看海"模式，暴雨持续时间之长、雨量之大，让人们始料未及。据官方统计，6 月 30 日以来，长江中下游沿江地区及江淮、西南东部等地出现入汛最强降雨过程。截至 7 月 3 日，全国已有 26 省（区、市）1192 县遭受洪涝灾害，农作物受灾面积 $2942 \times 10^3 hm^2$，受灾人口 3282 万人，倒塌房屋 5.6 万间，直接经济损失约506 亿元。与 2000 年以来同期均值相比，受灾面积、受灾人口、倒塌房屋分别偏少 6%、33%、76%，直接经济损失偏多 51%。

水污染防治的任务十分艰巨。2014 年，长江、黄河、珠江、松花江、淮河、海河、辽河等七大流域和浙闽片河流、西北诸河、西南诸河的国控断面中，Ⅰ类水质断面占 2.8%，Ⅱ类占 36.9%，Ⅲ类占 31.5%，Ⅳ类占 15.0%，Ⅴ类占 4.8%，劣Ⅴ类占 9.0%。主要污染指标为化学需氧量、五日生化需氧量和总磷，所有的水污染结果最后都会反映到河流水质上。

城市化建设也影响水资源分布并影响旱情。2009 年秋季以来一直到 2010 年初，中国西南地区遭受严重旱情，致使广西、重庆、四川、贵州、云南 5 省（区）受灾人口6130.6 万人，直接经济损失达 236.6 亿元。特别是云南发生自有气象记录以来最严重的秋、冬、春连旱，全省综合气象干旱重现期为 80 年以上一遇。2013 年 6 月下旬以来，中国长江以南大部地区出现了历史罕见的持续高温少雨天气，持续时间长，范围特别广，温度异常高。江南大部、华南北部有些气象站的极端最高气温和平均气温均超过历史同期最高记录，南方地区 38 摄氏度以上的酷热天气日数为近 50 年来之最，并出现连续超过 40摄氏度的酷暑天气。

总而言之，城市的扩张使大量地表植被被破坏，地表普遍硬质化，雨水无法下渗进入土壤层和地下水，在短时形成地表径流，增大峰值流量，引发洪涝灾害；随着硬化路面增加，径流系数增大，大量地表污染物随着雨水径流的冲刷流入下游河流，导致面源污染严重，河流水质恶化；大量雨水资源排出城市后，城市地下水位降低，无水可用、加剧旱灾，且城市热岛效应也不断加重；水系减少、河道硬化、水质污染、地下水涵养缺乏都造成了水生态的破坏，使得水土流失严重，生物多样性减少。

1.2 国外雨水管理理念

20世纪80年代前，雨水管理的唯一目标为城市防洪，通过合流或分流雨水管道设施将雨水收集后快速输送并直接排放至河流。后来逐渐意识到这种方式已成为地表水体污染的主要污染源，特别是众多研究证实城市径流和合流污水溢流（Combined Sewer Overflow，CSO）已成为地表水水质和生物多样性恶化的罪魁祸首。为缓减城市径流量及其产生的环境污染问题，雨水管理者最初采用了"管网末端"措施，即通过排水管将雨水收集后，再经过滞留池和处理湿地来缓解雨水排放对受纳水体的影响[1]。但是，由于受排水系统输水能力的限制，导致城市经常性出现内涝，同时采用这种管网末端处理设施需要较大的用地空间来处理收集的雨水径流，导致这种传统的雨水管理方法并不有效[2]。随着人们不断认识到雨水对人类和水生生态的影响，城市排水管理迎来了极为重要的挑战[3]。特别是在过去几十年间，城市排水和城市水循环的管理面临着更广泛的重要挑战，从单纯以降低洪水为目标的方法研究转变为多目标驱动设计和决策过程的方法上。为此，研究者致力于把城市水环境问题和城市规划设计结合并提出了多种城市水管理策略，如低影响开发模式（Low Impact Development，LID），可持续城市排水系统（Sustainable Urban Drainage Systems，SUDS），低影响城市设计与发展（Low Impact Urban Design and Development，LIUDD），"活力、美观和洁净水计划"（Active，Beautiful and Clean Waters Programme，ABC）以及水敏性城市设计（Water Sensitive Urban Design，WSUD）等。

1.2.1 低影响开发（LID）

低影响开发（Low Impact Development，LID）是雨水管理一个相对较新的理念，主要广泛用于北美地区和新西兰。该技术首次由Barlow等（1977）在美国佛蒙特州土地利用规划报告中使用。LID力图通过"自然方法的设计"来降低雨水管理成本，是一种创新的可持续综合雨洪管理战略。其主要目标是通过维持流域水文情势，使受纳水体的生态完整性得到最大限度的保护。这一概念与环境敏感区域（Environmentally Sensitive Area，

ESA）规划相协调，如 1981 年 Eagles 采用这一概念将只允许低影响开发作为 ESA 规划的中心策略，以保护"含水层补给和河流源头"[4]。

LID 通过合理的场地开发方式，将水文功能创造性地集成到场地设计中，力图恢复自然水文状况，并采用综合性措施从源头上降低开发导致的水文条件的显著变化和雨水径流对生态环境的影响。其中，自然水文过程指通过"同等功能的水文景观"来实现场地开发前径流量、渗透量和蒸散量的平衡。LID 反对传统的大型流域末端方案的实践，因为这种传统方式并不能满足流域范围内的水文恢复。

LID 技术在 20 世纪 90 年代在马里兰州乔治王子县几个项目中率先实施，如乔治王子县环境资源部。LID 主要用于区分当时的传统雨水管理方法，即将雨水输送至大型管道末端的蓄水系统中，和场地设计与流域尺度的方法。而 LID 主要以小尺度雨水处理装置，如位于或靠近径流源头的生物滞留系统、绿色屋顶和洼地。类似的方法也应用与其他区域，如新西兰奥克兰区议会颁布了《低影响设计手册》，并认为 LID 的引入是从美国到奥克兰的重要转移。随后，由于受设计界的影响，LID 从原先的概念扩展至处理小流域（通常为 1hm² 或以下）雨水的一套实践这一概念上。2005 年至 2010 年间，美国研究学者再次将 LID 的概念回归至原始理念上 [5, 6]。《低影响开发手册》恢复了改造和新建城市开发的水文目标，并提出满足和维持这些目标的设计方案。最终，在北美通过立法将 LID 的使用进行法规化。自此，LID 成为美国和加拿大雨洪管理的主流技术。在一些行政区，如美国加利福尼亚州北部、加拿大多伦多和安大略省目前已出版《最佳管理实践》，或关于 LID 的总体雨洪管理手册。

LID 采用了一整套的场地设计策略以及高度本地化、小尺度、分散式的源头控制技术。这些综合管理措施可以整合到建筑物、基础设施及景观设计中，取代了排水区域末端价格昂贵的雨水管理设施。

LID 场地设计过程主要基于场地规划过程，而场地规划应秉承五大核心理念：

①在土地使用规划中，水文应被视为一个整体加以考虑：雨洪管理系统应该模拟自然水文功能，尽量减少对水文过程的影响，维持自然的渗透、存储、汇流时间长等功能。

②通过微管理实现分散式控制：为了保持场地的关键水文功能，整个场地可被视为由一系列相互连接的小尺度设计组成。这样的结构有助于管理和控制的灵活性，便于与景观、不透水路面、场地的自然特点结合，提高公众参与比和接受度，降低发展和维护成本。

③源头控制：在土地使用对水文产生影响的源头去控制，有利于降低对水文过程的负面影响，恢复自然水文功能，消除径流及其污染物汇聚到下游的风险，大幅节省末端处理成本。

④整合非结构性系统，用最简单的方法解决问题：LID 提倡采用简单的方法，以尽量贴近自然的方式解决雨洪问题。比起传统的人工设施，LID 惯常采用原生植物、土壤和砾石等材料构建雨洪控制系统，不仅节省材料成本，便于设计和维护，同时可方便地将

雨洪管理体系与景观整合。这种近自然的设计方式兼具美学价值，更容易被业主所接受，因此自然要素的保持和恢复（例如植被和土壤的修复）就显得尤为重要。

⑤创建多功能的景观和基础设施：LID 在规划和设计中有许多措施可供选择来实现微管理和源头控制。首要的选择标准是既要满足设计需要又要实现雨洪管理目标。LID 的设计特点通常是多功能和多目标。屋顶花园就是一个典型的例子，它既集雨洪管理的多重功能于一身，又能提供宜人的环境。

LID 场地规划过程可通过 10 个基本步骤来实现，如图 1.2.1 所示。该流程图描述了从监管条件的初步考虑到最后的建设与维护整个开发过程。

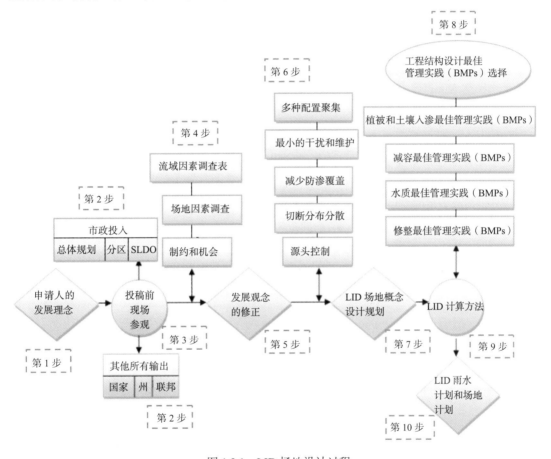

图 1.2.1　LID 场地设计过程

LID 场地设计过程的基本目标是通过非工程性最佳管理实践（Best Management Practices，BMPs）来最大可能阻止雨水径流的产生。为实现流域调控目标，通常有必要将 LID 技术与工程性 BMPs 结合使用。当这些措施用于场地初步设计时，削减后剩余的径流量需要通过渗滤床、雨水花园、人工湿地、绿色屋顶、雨水箱等工程性 BMPs 来进一步进行径流量控制、水质保护和峰值流量缓减。同时，在 LID 场地设计过程中应力图提出最佳成本效益下的雨水管理方案。LID 实践可实现经济和环境双重效益。LID 措施对发展区域干扰少，能保护自然特性，和传统的雨水控制机制相比成本消耗更低。这种控制机制对成本的节省，不仅体现在建设方面，还体现在对长期维护和生命周期成本的考虑。

1.2.2　水敏型城市设计（WSUD）

澳大利亚传统城市发展模式忽视了对水体环境的影响，导致在 20 世纪 80 年代出现了城市水问题综合症：雨水径流污染严重，洪峰流量增加，河道形态和稳定性发生改变，水质恶化加剧，生物多样性大幅降低，水资源浪费严重，回用效率低下，水资源短缺问题日益突出。在此背景下，为应对人口增长、城市化发展以及以排放为主的传统城市排水方式产生的城市内涝频发、径流污染、地下水污染以及城市供水不足等城市问题，澳大利亚学者 Whelans 等人最先提出水敏性城市设计（Water Sensitive Urban Design，WSUD）的理念，后经 Wong 等人的不断丰富，现已发展成为一种雨水管理和处理方法[7]。Lloyd等人将 WSUD 描述为"以减小城市开发对周边环境的水文影响为目标的城市规划与设计的哲学方法，而雨水管理是 WSUD 的一部分，用于雨洪控制、流量管理、水质改善，并提高雨水收集作为非常规用途的主要水源可能性"。而澳大利亚水资源委员会则将 WSUD定义为将土地和水资源规划和管理与城市设计相结合的一种城市规划和设计新途径，并以城市开发和再开发必须解决水资源可持续问题为前提。

WSUD 的根本出发点是生态可持续发展（Ecologically Sustainable Development，ESD），是整合水循环管理和城市规划与设计的框架；根本要素是社会可持续发展和城市水环境可持续管理，将城市相互联系的供水、雨水和污水系统作为一个水循环整体进行综合管理，并通过 WSUD 措施实现自然水循环的保护；其根本目的是保护水源，同时提供城市生态环境的恢复力，最终实现城市建设形态和城市水循环的协同发展，如图 1.2.2所示[2, 8]。WSUD 包含了一系列的设计措施，旨在尽可能减少不透水表面，并将雨水管理整合至城市规划与设计中，通过雨水收集利用等技术来减少城市地表径流、处理径流污染、回收利用雨水、增加雨水的下渗和蒸发，进而恢复城市的自然水循环过程，从而形成一个完善的城市水循环管理模式，同时将水管理技术整合进城市景观中，提升城市在环境、游憩、文化、美学方面的价值。因此，WSUD 是一种规划和设计的哲学，旨在克服传统发展中的一些不足，从城市战略规划到设计和建设的各个阶段，它将整体水文循环与城市发展和再开发相结合。

WSUD 主要通过以下措施来避免或减少城市开发对自然水循环和环境价值的影响：

①通过减少对自然用地性质，如湿地、河道和河岸带的干扰来保护和强化自然水循环的内涵价值；

②保护地表水和地下水水质以维持和强化水生生态系统并使其重新被利用成为可能；

③通过对雨水径流和峰值流量的管理降低下游洪水和排水对水生生态系统的影响；

④通过减少饮水水源的需水量促进水资源的高效利用，倡导非常规水源的供给；

⑤减少污水产生并确保污水处理能满足出水回用或排放至受纳水体的标准；

⑥控制土地开发建设和运行（建设后）阶段土壤侵蚀；

⑦在景观中使用雨水提高美学和娱乐吸引力，并促进城市环境中对水的理解。

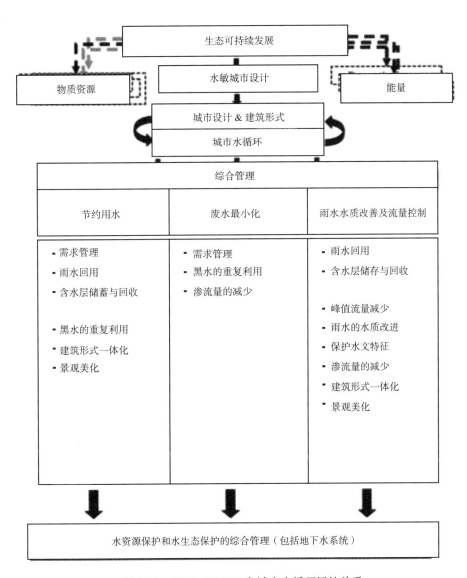

图1.2.2　ESD、WSUD和城市水循环间的关系

Wong将WSUD定义为主要关注城市建设形态和景观，以及城市水循环内部以及相互之间的协同效应，认为社会价值和愿景对城市设计决策和水文管理实践起关键作用[9]。因此,WSUD主要通过对以减少和处理污染排水,降低饮用水量,高效匹配不同水资源（如循环水和处理后的雨水）用于"适宜用途"为目标的城市水循环（饮用水供给、污水和雨水）

管理的相互连接（如图 1.2.3 所示），以实现社会、环境和经济多重目标效益。其设计目标主要包括水资源保护、雨水管理两个。其中，雨水管理设计目标又可细分为频率 - 流量管理设计目标、河道稳定性管理设计目标和雨水水质管理设计目标。

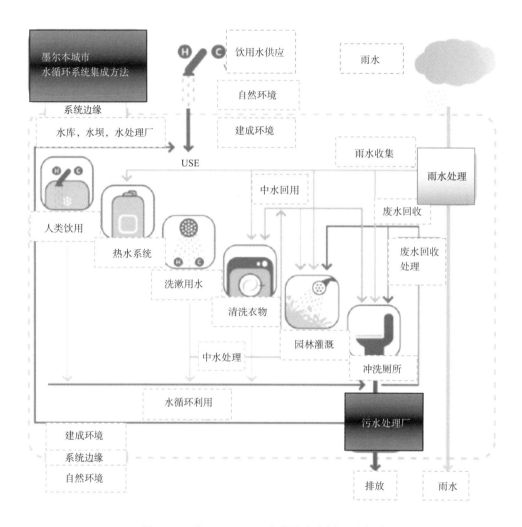

图 1.2.3 基于 WSUD 理念的城市水循环示意图

为了实现这一目标，WSUD 采用了一系列的最佳规划实践（Best Planning Practices，BPPs）和最佳管理实践（BMPs），如图 1.2.4 所示。其中，BPPs 涉及 WSUD 场地评估、规划和设计部分，其可在方案规划层实施。例如，采用法定的土地利用规划文本确定适宜的用地来处理与市政污水处理设施相邻的出水。BPPs 也可在场地设计阶段实施，如提出的场地布局可用于滞留或恢复自然径流途径、湿地和河岸植被。而 BMPs 则指城市设计中按照综合水资源管理模式用于防止水污染，促进雨水收集、处理、输送、贮存和再利用的工程措施和非工程措施，采用最佳实践层次结构。

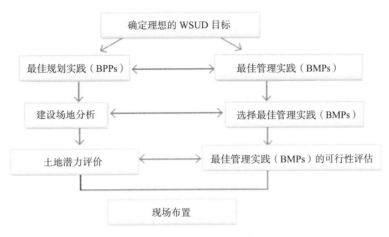

图 1.2.4 WSUD 规划和设计过程

1.2.3 低影响城市设计与开发（LIUDD）

2003 年新西兰政府启动了为期 6 年的全国性的研究与实施计划，即低影响城市设计与开发（Low Impact Urban Design and Development，LIUDD），以吸纳并实施低影响设计政策和实践，同时促进水资源保护，并采用更可持续发展和成本效益的水设施，从而降低能量和运输设施的影响，提供更可持续的建筑，提倡采用降低耗材、节能和减少用水和污水产生的分散式设施，此外该计划还试图通过移民者和土著居民毛利人之间的对话来促进双方不同观点的融合[10]。虽然 LID 包括多种径流控制技术，具有高度灵活性，可满足当地法规和环保要求，并适应不同场地限制，但在新西兰，国家层面的"清洁绿色形象"使其场地设计更强调了污染控制而不是水文状态的管理，从生态健康的角度进行城市雨水管理。因此，LIUDD 吸收了 LID 技术的工程设计理念，同时借鉴澳大利亚WSUD 的经验，并融合了毛利人对环境理念的看法[11]，通过一整套水系综合管理方法来促进城市发展的可持续性，避免传统城市发展模式带来的一系列生理化学的、生物多样性的、社会的环境和负面影响，保护水生和陆生生态完整性[12]，并减少基础设施全生命周期成本，从而实现不同密度的城市化过程。LIUDD 强调对城市的设计，提高居民受自然环境功能性、可获性和美学性影响的"生活质量"，增加公众游憩机会，减少能量损耗以及对私家车的依赖，并降低洪涝风险[13, 14]。

在过去十年新西兰对 LIUDD 的研究主要集中在通过开发实施政策、实践、工具和指南的制定和开发对 LID 实践进行消纳，特别是政府、开发商、社会团队和研究学者一同参与单个建筑（包括场地）、街区和流域等不同空间尺度上的未开发区和改造区项目上，并基于 LIUDD 主要原则和方法提出了一套政策框架用于制定一系列的法定和非法定规划和指南[13, 14]。

LIUDD 主要原则可分为三个层次，上一层的原则融入下一层所有原则中，各层可细分为二级原则，并对应于相应的项目采用可持续技术的实施方法[13, 14]（图 1.2.5）。体系中第一层原则是寻求共识：人类的活动要尊重自然，尽量减少负面效应，实现流域内物质、污染物以及能源循环的最优化。这一原则贯穿于整个体系中。LIUDD 将流域视为城市设计和管理的最可取的空间单元。生态承载力作为流域范围内可修复的自然循环的一部分，是 LIUDD 关注的中心问题。第二层原则强调了城市发展选址的重要性，这一原则对第三层原则贯彻应用的结果有决定性作用。另一个次级原则涉及基础设施和生态系统服务高效利用。关于流域输入输出最小化的二次原则，通用于几乎所有第三层次原则。在整体框架中，应考虑能量系数布局和建设，而流域尺度设计主要集中在保护和减少具生态价值和易损部分（如陡坡的上游流域、河岸走廊和湿地）的流域土建工程。而在流域水循环管理上，LIUDD 强调对供水、污水和雨水的综合管理，通过对雨水、污水的收集、处理、回用实现流域水循环的本地化，从而保持城市水系的自然循环，减轻对生态的影响，降低持续高涨的饮用水成本，同时雨水源头管理还降低了下游洪涝灾害和水质退化的风险。

为实现这些目标，需要一个涉及所有专业领域和专业共同体的规划方法，特别是将框架中 LIUDD 原则和实施任务进行编码以帮助各利益方在新开发区或改造区开发中实施或遵循相关措施时作为指南或核查表来使用。此外，LIUDD 还可用于现有城市区域的再次开发，如社区长期规划下的连续街区重建或相邻街区的完全同时重建，对于前者，街区地块的土地所有权人是零散的，其重建也是随时间而碎片化的，因此，制定一个几十年跨度的开发规划是非常必要的。

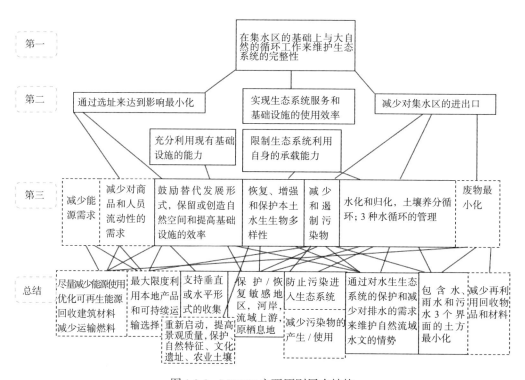

图 1.2.5　LIUDD 主要原则层次结构

1.2.4　可持续城市排水系统（SUDS）或可持续排水系统（SuDS）

在英国，雨水管理方法的转变始于20世纪80年代，1992年出版的《城市径流控制视角》中给出了一系列技术控制方案的指导性措施。20世纪90年代期间，雨水管理在苏格兰被广泛接受，特别是苏格兰环保局出台了对新开发区实施雨水BMPs的有效监管措施。D'Arcy（1998）首次描述了可持续排水三角形（流量、质量和栖息地/环境舒适性）的概念，并迅速被苏格兰水务局的Jim Conlin所认可。1997年10月，Jim Conlin首次采用可持续城市排水系统（Sustainable Urban Drainage Systems，SUDS）这一术语来描述相关雨水技术，随后可持续城市排水的原理并不断被丰富[15]。

2000年，一些主要的指导性文件分别在苏格兰、北爱尔兰、英格兰和威尔士出台，标志着SUDS的雨水管理理念被正式提出，并成为近几年英国为可持续城市发展探索出的一种新方法以及城市规划中雨洪管理的主流，旨在从排水系统上减少城市内涝发生的可能性，同时提高雨水等地表水的利用率，兼顾减少河流污染。相关部门往往忽略SUDS这一术语中的"城市"一词，采用可持续排水系统（Sustainable Drainage Systems，SuDS）来代替，但两者含义一致。现行的《SuDS手册》是目前SuDS的权威性指南，力图为SuDS在英国的实施提供综合建议。2010年4月英国议会通过《洪水与水管理法案》，在该法案中正式以官方形式采用SuDS这一术语，规定凡新建设项目都必须使用SuDS，并由环境、食品和农村事务部负责制定关于系统设计、建造、运行和维护的《全国标准》。

SUDS在实践过程中，主要通过设计对城市排水系统统筹考虑，同时引入可持续发展的概念和措施，采用可持续排水三角形理念将传统的地表水处理和排放过程中综合考虑水的流量、质量和环境舒适性，强调利用可持续的自然方式排除雨水而不是仅仅依靠传统的管渠来排除。其中新思想主要通过相关措施平缓时间雨量曲线，降低流量峰值或延缓流量峰值的到来，从而尽可能模仿场地开发前自然排水状况，并对径流进行处理以去除污染物，这与LID的思想是一致的[16]。SUDS在实施过程中采用一系列可持续管理技术，并遵循三大原则：排水渠道多样化，避免传统下水管道是唯一排水出口；排水设施兼顾过滤，减少污染物排入河道；尽可能重复利用降雨等地表水。

SUDS包含了不同层面的技术方法（图1.2.6）：

①预防：采用良好的场地设计以及家庭和社区管理措施，防止径流的产生和污染物的排放（例如最大限度地减少不透水地面铺装，经常清扫停车场的地表灰尘）；

②源头控制：在源头或接近源头的地方控制径流（例如利用雨水收集、透水路面、屋顶绿化、渗水坑等）；

③场地控制：对来自不同源头的径流进行统一的管理（包括将整个小区的屋顶和停车场的雨水引入到一个大的渗水坑或渗水池）；

④区域控制：管理来自几个不同场地的径流，典型的方法是使用湿地和滞留塘。

源头控制　　　　　场地控制　　　　区域控制

图 1.2.6　SUDS 技术方法

英国《国家规划政策框架（NPPF）》明确规定地方政府的规划应该以保护和强化自然环境为目标，并应从土地利用中捕获包括野生动物、游憩、洪水风险缓减与碳储存在内的多种效益，而 SUDS 是实现这些效益的关键环节。因此，适当设计、建造和维护的 SUDS 可改善对场地雨水的可持续管理，并为整个社区在生物多样性、气候调节、环境重建、公共卫生、游憩等方面带来多方面的价值效益，主要包括：

①降低洪峰流量，减少下游流域发生雨洪的风险；

②减少开发场地产生的径流总量和排水频率；

③通过对面源污染物的去除，改善水质；

④通过雨水收集再用，减少饮用水的需求；

⑤通过构建绿色设施和蓝色走廊，提供公共开放空间改善市容和野生动物栖息地，提高生物多样性，并在城市区域内维持和创建生态功能；

⑥模仿了自然排水模式，包括地下水回补使基流得以维持。

1.2.5　新加坡"活力、美观和洁净水计划"（ABC）

新加坡是个水资源短缺的国家，至今 50% 的淡水资源是从马来西亚进口。目前，新加坡正通过四大淡水资源的供给来实现水资源的最大可能自给自足。在城市发展初期，基础设施的发展主要以满足经济需求和洪水缓减为目标。为此，自 1970 年开始，新加坡开始大规模地将天然河流系统转变成混凝土河道和排水渠系统，以便更有效地排放雨水和防止洪涝灾害。也就是在这个时期，大部分自然河流如加冷河（Kallang River）和三巴旺大河（Sungei Sembawang）被改为混凝土河道以增加其输水能力并降低河岸侵蚀现象。这种硬质的工程技术一直为这个国家服务。

从 21 世纪开始，新加坡逐渐依赖于先进技术来寻求提供饮用水资源的替代方法，以满足日益增长的经济和人口需求。现实证明一味采用扩张的河道和排水管道并不能有效管理城市雨水，同时新技术和新知识证明：只有采用跨学科思维和综合解决方案，才能真正解决城市水环境遇到的多方面挑战和需求。为此,新加坡从 2006 年开始推出了一项"活力、美观和洁净水计划(Active,Beautiful and Clean Waters Programme,ABC)",旨在拉近人与水之间的关系,运用一个更好的雨水管理方式,尽可能把每滴雨水留住,将下水道、沟渠、水库改造成为富有活力的、美丽的、清洁的小溪、河流与湖泊,与邻近的土地成为一体,以创造出充满活力的社区公共空间。除了建立生态稳固的河岸、安全排洪的作用,ABC 计划更出色的一点就是营造出有效的水循环系统。该计划不仅改造国家的水体排放功能,缓解城市供水和防洪保护需求,复原美丽、干净的溪流、河流和湖泊,同时还为市民提供了新的休闲娱乐空间,让人们在亲水活动中对水更加珍视,充分发挥水在改善生活品质中的潜力。

ABC 计划主要目标是实现环境(绿色)、水走廊(蓝色)以及社区(橙色)间的无缝结合,如图 1.2.7 所示,将沟渠和水道改造成美丽的滨水环境,鼓励社区也加入保持水道清洁的工作,通过创建近水的社区空间,鼓励人们爱惜水源,保持水源清洁,使新加坡成为一个充满活力的城市花园。为实现这一目标,在城市总体规划中,采用涵盖工程、科学、景观设计、城市设计行为框架以及满足社区连接需求的综合城市规划法,并实施相关策略(图 1.2.8)。

图 1.2.7 ABC 计划概念

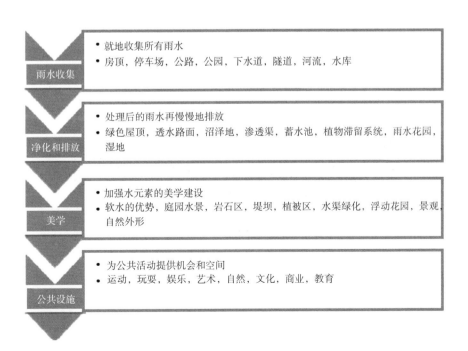

图 1.2.8 ABC 理念与策略

ABC 主要涉及三个关键策略：

①制定 ABC 总体规划与项目实施计划

该计划于 2007 年启动，其中总体规划指导将城市实用的下水道、运河和水库转变为充满活力、风景如画和洁净的流动小溪、河流和湖库项目的总体实施。2030 年前，确定了超过 100 个岛内实施项目，并有 23 个 ABC 计划于 2014 年 6 月前实施。其中，最著名的是 3km 长的加冷河改造项目。改造前，加冷河是一座混凝土排水槽排水沟，主要是为防洪并提高雨水排水效率而修建的人工河道（图 1.2.9）。实施 ABC 计划后，运用生物土壤工程技术并形成动植物群落栖息场所，该计划不仅使城市恢复了生态多样的天然水系统，也给城市社区和环境带来了惊人变化（图 1.2.10）。

图 1.2.9　改造前的加冷河

图 1.2.10　改造后的加冷河

②促进 ABC 理念的使用

ABC 理念涵盖了新加坡防治所有水体的理念，并将其整合至新加坡环境和生活方式中。同时在该理念发展过程中，新加坡公用事业局（Public Utilities Board，PUB）逐渐将这一理念所产生的效益作为公共机构和私营企业开始采用 ABC 理念进行水域设计所追求的目标。这些效益包括在雨水径流进入河流和湖库前，在场地尺度上采用自然系统进行截留并清洁，同时加强生物多样性和生活环境的多样性。如把公园上游区域的池塘作为生态水源，自上而下地栽种乡土湿地植物，用以过滤及净化雨水。池塘的水被净化处理后，重复利用于公园内的儿童游乐场，达到水资源可持续利用的目的。

2009 年制定的《ABC 水设计指南》，目前已经修订为第三版，并提出鼓励公私合营的合作模式，以探索实施 ABC 计划设计理念并综合河流防治来加强环境改善的新途径。

③ 3P（民众、政府和私人）合作模式

在没有社会参与的条件下，要想实现可持续雨水管理是不可能的。PUB 一直鼓励社会参与并取得新加坡水体的所有权。譬如，鼓励学校针对不同的 ABC 计划提出相应的教育学习路线，以便学生能更好地学习并重视水资源。私营企业、基层组织和社会团体也能促进该路线，并在 ABC 水体现场举办各种活动以鼓励更多的民众参与进来。

总体来说，这些雨水管理方法的目标是类似的，即以可持续发展模式来管理城市水循环，同时考虑地表水和地下水，以及洪水及其对河流侵蚀的影响；维持或恢复水文情势接近自然水平；保护并尽可能恢复地表水和地下水体的水质；保护并尽可能恢复受纳水体的健康；保护水资源，认为雨水是一种资源而非一种灾害；通过综合雨水管理措施为景观提供多重效益，强化城市景观和舒适性。但它们之间略有不同，其中，LID、SUDS、LIUDD 及 ABC 均是通过设计合理的排水系统和污水处理系统实现城市化过程中的水环境影响最小化，而 WSUD 是基于 LID 而提出的综合可持续城市水生态管理框架，目的是实现城市建成形态与城市水循环协同发展，保护水生态资源，同时提供城市生态环境的恢复力[17]。面临气候变化、城市人口激增、水环境污染等挑战，WSUD 理论为同时实现城市发展、保护水源、城市生态系统恢复、应对气候变化等提供了可能。WSUD 理论在澳大利亚、美国、法国、新加坡等国家被视为未来城市发展与城市水环境管理的关键理论。

1.3　我国海绵城市建设理念

海绵城市，是新一代城市雨洪管理概念，是指城市在适应环境变化和应对雨水带来的自然灾害等方面具有良好的"弹性"，也可称之为"水弹性城市"。下雨时吸水、蓄水、渗水、净水，需要时将蓄存的水"释放"并加以利用。

1.3.1　海绵城市建设的内涵

海绵城市建设的宗旨是处理好城市建设与水资源生态环境保护的关系，首先这是对城市概念和城市对水的需求理解的升级。要建设宜居、舒适、安全，让生活更美好的城市，必须解决水安全和水生态环境问题。大规模快速的城市化进程，改变了区域的下垫面条件，甚至地形地貌和源头水系，进而改变了原有的蒸发、下渗、坡面产生汇流等自然水文特征，城市滞蓄能力锐减，导致雨水资源流失、径流污染增加、内涝频发等一系列问题。

其次，这是城市水管理理念的升华，是城市水环境和自然资源从以往的利用、控制、治理、不计后果的无序开发，向有序管理协调方式转变；从粗放式的工程规划建设，向集约式的、精细化的工程思维和工程建设模式转变，通过集成管理、有序协调，实现智慧管理模式。我们经历过可持续发展理念的引入、水务一体化管理和最严格的水资源管理实践、水生态文明的创建。这一切为城市水管理理念的升级奠定了很好的基础，然而将理念转变为成功的工程实践还需要很多工作。

由于城市空间的密集，土地资源的紧缺，城市的发展与环境的保护，建设用地与绿色低影响雨水源头处理工程之间合理平衡的要求，所以需要好的规划，好的技术来分析各种复杂因素。我国城市面临的水环境问题非常复杂，要根本性地解决这些问题，必须反思我们城市开发建设的模式，真正理解一系列因素之间的相互关系，把控关键环节。任何的水环境问题，都是由于人类活动改变了原本自然的水文条件。城市开发使地面径流的增加从而导致洪涝风险加大，非雨季水量的减少从而导致水污染严重，水资源的大量开发利用从而导致下游水量不足或环境改变。我们必须改变以工程解决工程问题的习惯思维，需要以可持续发展理念作为指导，在城市开发过程中，充分认识到水环境资源的承载力，认识和尊重自然生态的本质价值，识别工程与环境、周边和上下游之间的影响关系，既考虑当代需求，也兼顾子孙后代的需求，从而合理利用自然资源，采用补偿工程和管理手段，实现开发与保护的平衡。

因而，海绵城市建设实际上是工程理念的转变，需要技术和管理体系的更新和集成，是以可持续发展理念支撑下的城市流域水资源环境开发保护和利用的综合管理。这一理念要求企业承担社会责任，资源利用者负担由于资源利用而导致的对环境的影响。因此在城市开发建设中，既要考虑市政工程后极端暴雨导致的洪涝风险控制，又要兼顾流域的水资源利用和本底水生态、水环境的保护。新西兰、欧美等国家在可持续发展理念指导下，经过水务一体化，逐渐理顺管理体制、技术标准体系，通过流域综合管理规划，确定平衡各利益相关群体，制定工程布局和管理控制目标和指标。实践表明，这一理念的实现需要可以量化、可控目标的定义，需要对城市空间资源、水和环境影响的评估，当然需要一些好的技术手段和工程手段。这一系列从理念到目标之间的复杂过程的实现，专业边界逐渐模糊，技术集成已成必然。而技术标准的建立和过程协调和管理将成为关键。

1.3.2 海绵城市建设的发展历程

我国的海绵城市的发展历程可以大致分为四个阶段。

（1）雨水综合利用阶段

从 2001 年起，住房城乡建设部、发展改革委等部门相继组织开展节水型城市建设工作，水利部组织评估了全国范围内大江大河的洪水风险，以指导地区防洪规划和城市建设。地方层面也陆续启动建立各类蓄水池、人工湖和下凹式绿地等集水工程。

2003 年 3 月，北京市规划委员会和北京市水利局联合发布了《关于加强建设工程用地内雨水资源利用的暂行规定》（以下简称"规定"），明确指出："凡在本行政区内，新建、改建、扩建工程（含各类建筑物、广场、停车场、道路、桥梁和其他构筑物等建设工程设施）均应进行雨水利用工程设计和建设"。2005 年 3 月，北京市政府出台了《北京市节约用水办法》（155 号令）并于 2005 年 5 月 1 日起实施，其中对雨水利用做了严格的规定："住宅小区、单位内部的景观环境用水应当使用雨水或再生水，不得使用自来水，违者将处以最高 3 万元的罚款"。2005 年 12 月北京市规划委、建委、水务局三部门联合公布的《关于加强建设项目节约用水设施管理的通知》指出："各类建设项目均应采取雨水利用措施，工程一般采用就地渗入和储存利用等方式。其中建筑物屋顶的雨水，应集中引入地面透水区域或收集利用；人行道、步行街、广场、庭院等地面的铺装，应设计、建设透水路面或雨水收集利用措施"。

这一阶段的工作以雨水资源综合利用、城市防洪排涝为主，兼顾水污染处理，但是各部门各自为政，在组织管理和实施过程中尚未形成统一的体系，因此出现雨水工程散乱的现象，防涝和雨水回用效果不明显。

（2）生态城市建设阶段

2010 年以后，生态城市建设在全国大范围展开，住房城乡建设部批准了 8 个项目成为全国首批绿色生态示范地区，将授予每个项目 5000 万的补贴资金。它们分别是：中新天津生态城、唐山市唐山湾生态城、无锡市太湖新城、长沙市梅溪湖新城、深圳市光明新区、重庆市悦来绿色生态城区、贵阳市中天未来方舟生态新区、昆明市呈贡新区。生态城市采用生态化建设开发方法，包括区域生态安全格局维护、城市水体保护、雨水收集利用等技术，从整体上推动建设与自然相融合的新型城市。

（3）海绵城市试点阶段

2013 年习总书记提出"海绵城市"理念后，海绵城市的理论内涵、建设途径、目标体系等都在不断拓展深化。住房城乡建设部原副部长仇保兴指出海绵城市的本质是解决城镇化与自然环境的协调矛盾，海绵城市的建设应当从区域、城市、建筑三个层面出发，强调区域水生态系统的保护与修复、城市规划区海绵城市的设计与改造、建筑雨水利用与中水回用等[18]。2014 年，住房城乡建设部相继出台《海绵城市建设技术指南——低影响开发雨水系统构建》、《海绵城市建设绩效评价与考核办法》等标准。同年财政部、住房城乡建设部、水利部联合组织开展海绵城市建设试点申报工作，确定了武汉、重庆、济南、南宁等 16 个城市作为 2015 年海绵城市建设试点。2015 年起池州、常德、宿迁、厦门、遂宁、武汉等地也相继出台海绵城市建设管理办法，规范了各地海绵城市建设、运营全过程的管理。

但在此阶段的海绵城市建设存在很多误区和陷阱，第一批试点的意义就是先试先行，要在实践中寻求经验。例如，很多地方将海绵城市与低影响开发（LID）完全等同。低影响开发旨在通过分散的、小规模的源头控制来达到对暴雨所产生的径流和污染的控制，使开发地区尽量接近于自然的水文循环，也就是所谓的源头径流控制系统。而这样的误区往往会在建设中忽略了原有的雨水管渠系统。2016 年 1 月住房城乡建设部印发了《海绵城市建设国家建筑标准设计体系》，明确提出海绵城市建设要统筹低影响开发雨水系统、城市雨水管渠系统及超标雨水径流排放系统，为各地的海绵城市建设指引了方向。

2015 海绵城市试点城市的建设与探索[19]　　　　　　　表 1.3.1

城市名称	"点"层级	"线"层级	"面"层级	政策方案
迁安（河北省）	黄台山公园建设；人民广场下沉式广场与绿地建设；污水处理厂改扩建	三里河环境整治；滦河综合整治；龙形公园景观水渠建设	老城区、城中村和新城区，总面积 20km²，占主城区的 67%	提出四大保障政策
白城（吉林省）	森林公园、劳动公园、天鹅湖公寓、鹤鸣湖公园、棚户区迁改建设；东湖湿地	新开河、引嫩入白工程、洮儿河灌区渠系	25km² 白城生态新区建设	编制《白城市防洪排涝专项规划》
镇江（江苏省）	江二社区改造；金山湖路建设	建设生态草沟 15.72km；生态化道路 40km	官塘新城、镇江新区生态示范区和高校园区 LID 规划设计	编制《镇江市海绵城市建设技术规范》；筹建海绵城市建设投资有限公司；举办中美海绵城市工程实践技术大会
嘉兴（浙江省）	晴湾佳苑；嘉兴植物园；芍药停车场；再生水厂建设	蒋水港绿道、湘家荡东外环河绿道	南户唯中心的 18.44km² 示范区	编制《嘉兴市海绵城市建设技术规范》
池州（安徽省）	南湖湿地、白沙湿地、洪圩湿地工程、备用水源项目等	清溪河沿线	老城区、天堂湖新区，并整合为 44 个区块	编制《池州市海绵城市规划设计导则》
厦门（福建省）	东南国际航运中心总部大厦项目；厦门天马微电子公司纯水系统	岛内人行道改造，共铺设 11 万余平方米透水砖；改造厦禾路、白鹭洲路灯主干人行道约 12km	马銮湾片区约 20km² 示范区；翔安新城东南部 15km² 试点区	编制《厦门市海绵城市实施方案》；拟定《厦门市海绵城市建设管理方案》（暂行）

续表

城市名称	"点"层级	"线"层级	"面"层级	政策方案
萍乡 （江西省）	湿地公园、玉湖公园、鹅湖公园建设	玉湖、五丰河流域治理	新城区商务中心与行政办公中心区域及老城易受洪涝影响区域作为试点区	编制《萍乡市海绵城市建设行动计划》；制定《萍乡市海绵城市实施方案》
济南 （山东省）	千佛山风景区西区中水利用；济南森林公园、花圃公园透水铺装建设；卧虎山山体公园雨水收集池建设	凤凰路、旅游路东段"海绵"试验段	大明湖兴隆片区为试点区；玉符河济西湿地片区为推广区	出台《济南市海绵城市建设实施意见》
鹤壁 （河南省）	中央公园、淇河诗园、淇奥翠景游园、东方世纪城小区等绿色海绵体建设	二支渠、护城河、棉丰渠等河流清洁行动	鹤壁新区作为试点示范区	编制《鹤壁市海绵城市建设方案》
武汉 （湖北省）	武汉园博园园林排水多样化技术；中央商务区城市综合海绵体建设	大东湖"生态水网"构建工程、汉阳"六湖连通"、金银湖水网"七湖连通"；三环线绿化带、四环线林带	青山示范区23km²旧城改造试点区；四新示范区15km²新区建设示范区	制定《武汉市海绵城市建设规划》、《武汉市海绵城市试点三年建设年度计划》
常德 （湖南省）	常德诗墙、生态公园模式的船码头、夏家垱机埠建设；灯泡厂棚户区改造绿色建筑	穿紫河水质净化工程；环柳叶湖、沾天湖马拉松赛道	42km²中心城区实施建设试点示范	2004年编制《常德市江北区水敏性（海绵体）城市发展和可持续性水资源利用整体规划》
南宁 （广西壮族自治区）	国际会展中心；师门森林公园雨水综合利用工程；五象湖公园	竹排江海绵化改造工程、竹排江上游植物园段流域治理PPP❶项目、邕江南岸滨江绿带	五象新区17.92km²示范区	编制《南宁市海绵城市建设技术标准图集》
重庆 （重庆市）	重庆中央公园建设；悦来生态城区内绿色建筑建设	嘉陵江沿岸生态整治；张家溪、后河沿岸生态整治工程	两江新区悦来新城18.67km²示范区	收个大面积结合GIS和水利模型对建成区进行水力模拟；制定重庆《海绵城市推进实施方案》

❶ PPP：Public-Private-Partnership，公私合营模式。

（4）百家争鸣

2016年以来，经过一年的海绵城市试点建设，各地都有了不同的经验。海绵城市建设出现了百家争鸣、各抒己见的新局面。

首先，从建设目的来说，不同的城市存在不同的问题。库区城市以治理径流污染为主要目的、盆地城市以内涝防治为主要目的、干旱城市以补给地下水为主要目的……到底是解决"小雨不内涝"、"大雨不积水"还是"水体不黑臭"？不同的建设目的，将指引不同的建设思路和手段。

其次，从综合规划管理的角度来说，随着海绵城市内涵的不断丰富，海绵城市不仅仅只是源头控制的 LID，而是涉及源头削减、过程控制和末端治理等全过程的管理。如果把海绵城市建设比作一棵树，那么源头削减系统就是枝头大大小小的树叶，过程控制就是枝桠，而末端控制就是树干，雨水落到树叶上，通过枝桠传输到树干。海绵城市正是这样一棵大树，通过"渗透、滞流、蓄存、净化、利用、排放"等多种手段和措施，源头削减、过程控制、末端治理，全过程地管理雨水，实现综合、生态排水，实现城市的可持续发展。

再次，不同行业的专家对海绵城市也有不同的理解。有些人主张建立绿色海绵系统，将硬化河道变为生态廊道系统，砸掉防洪堤这样的钢筋水泥[20]。这是一种超前的思路，是对目前治水思路的批判。同时也遭到了不少水利界人士的质疑，反对观点认为修建堤防是在保证河道过流能力的情况下，尽可能多地利用宝贵的土地，是最符合国情的廉价有效的防洪手段。

国内有一些较早引入海绵城市理念的专家，他对国外 BMPs、LID、SUDS 等雨洪管理体系的发展历程、理论内涵、实施方法等做了详细的介绍[21]。关于海绵城市建设的一个基本参数"年径流总量控制率"，他们也和其他专家进行着长期的争论和博弈。

其至海绵城市里关于"把雨水就地消纳"的做法，也遭到风景园林专家的挑战。有些风景园林专家认为："海绵城市建设大部分用于绿地的措施，将会破坏绿地、污染土壤，致命打击园林生态"。但也有些其他领域的专家认为此类观点太极端："海绵城市不是颠覆性地改变园林功能，也和园林结合的。"[22]

以上的各种争论只是海绵城市建设博弈的一隅，这样的争论是好的，这代表了各方的共识增多，是海绵城市建设正在发展的有力证明。正是有了问题、有了争论，各家才能集思广益、形成合力。

2016 年，三部委启动了第二批全国海绵城市建设试点申报工作，确定了北京、天津、大连、上海、宁波等 14 个城市作为 2016 年海绵城市建设试点。新的试点，新的起点，我国的海绵城市建设进程又向前迈进一大步。

1.4 海绵城市建设意义

1.4.1 社会效益

（1）增强城市防洪排涝能力，保障城市居民安全。通过海绵城市的建设，可减少降雨外排流量，削减洪峰，延迟洪峰出现时间，提高建筑乃至城市防洪能力，避免或减轻本区域居民的水灾损失。此外，海绵城市建设不仅可减少城市降雨积水现象，方便居民生活，改善社区环境，还可减少交通拥堵和交通事故发生，有利于保障人民生命财产的安全。

（2）提升城市生态环境品质。海绵城市通过屋顶绿化、打造雨水花园、生态蓄水池等低影响开发措施不仅能够起到排洪防涝保护城市安全的作用，还能美化城市环境，提升生态环境的品质，给居民一个身心愉悦的休憩场所。

（3）实现可持续发展。打造污水再生回用工程是解决城市供水压力、河流水体污染以及河道外部水源不足的有效途径之一，也是保护沿岸居民身体健康的民心工程，是实现"西部领先，全国一流"的重庆环保目标的又一有力措施，是积极探索建设资源节约型环境友好型社会新路的有力尝试，是贯彻实施"可持续发展"方针的有力保障，既有利于根治河流水体污染状况，也有利于保护好区域水环境。

1.4.2 经济效益

（1）减少环境资源损失。海绵城市建设可削减雨水径流量，净化去除雨水中的污染物，降低径流污染，同时通过人工湿地等低冲击措施净化污水。通过海绵城市核心区湖泊水库水环境整治、中小河流治理工程以及两叉河山洪沟治理等重点示范工程的打造，将大大消除污染，改善城市水环境。根据《城市雨水利用方案设计与技术经济分析》一文[23]，每投入1元消除污染可减少的环境资源损失是3元，即投入产出比为1:3，据此，估算得海绵城市建设可减少环境资源损失。

（2）节约调蓄设施净增成本。以往建造绿地的高程是高于路面或者与路面等高，既浪费灌溉用水又不利于汇集路面径流。下凹式绿地将调蓄设施和绿地结合起来，在一定程度上弥补降水和渗透的不均衡，减缓径流洪峰，起到调蓄作用，同时间接节约了调蓄设施的净增成本。在建造调蓄设施时充分利用了景观水体（诸如溪流、河道、人工湖等水景），配以适当的引水设施，能够很好地蓄存雨水径流，同样节约了调蓄设施的净增成本。

（3）减少水环境污染治理费用。海绵城市建设中的工程方案应用了大量源头涵养水资源、调蓄和储存屋面雨水并回用的储水供水设施，这些工程不但节约水资源，而且减轻了城市供水系统的负荷以及生产和输运成本，同时也降低城市排水设施的投资和运行费用。

（4）发挥回用水带来的效益。海绵城市建设鼓励雨水回用与中水回用。与自来水生产需远距离取水相比，既不需要引水的巨额工程投资，也无需支付大笔的水资源费，省却了大笔输水管道建设费用和输水电费。此外，由于中水生产系统设于污水处理厂内，可有效利用城市污水处理厂现有工程和管理人员，可减轻中水生产系统的经营成本。扩建的中水厂供给市政浇洒道路广场、浇洒绿地、市政消防、车辆冲洗及管网漏失水、湿地公园保水活水及其他用水。

（5）降低内涝和山洪造成的损失。通过建设海绵城市能够对城市内涝和山洪起到缓解作用，降低了城市内涝和山洪造成的巨额损失。

（6）减少建设的工程量。雨水可以通过海绵体进行下渗，减少了在排水管道上的投资，同时海绵城市拟建设若干下凹式植草沟、雨水塘等设施，减少了钢筋混凝土水池的工程量。

（7）撬动民间资本，促进经济良性循环。市政公用事业是为城镇居民生产生活提供必需的普遍服务的行业，是城市重要的基础设施，是有限的公共资源，直接关系到社会公众利益和人民群众生活质量，关系到城市经济和社会的可持续发展。海绵城市建设通过 PPP 模式引导民间资本进入市政公用事业，是适应城镇化快速发展的需要，是加快和完善市政公用设施建设、推进市政公用事业健康持续发展的需要。同时民间资本的进入将推动本地产业链的培育和发展，增加就业机会，促进经济和生态的良性循环。

1.4.3　生态效益

（1）有利于区域水环境保护和生态修复

水环境的巨大变化使得区域生态系统日渐脆弱，海绵城市的建设涉及大量植被的栽种，有利于区域生态系统的保护。

（2）缓解城市热岛效应

海绵城市增加了城市水面面积，水的比热容比较大，在升高相同的温度时可以吸收相同的热量，在降低相同的温度时可以放出更多的热量，可以减小城市的温差，缓解城市热岛效应。

（3）削减暴雨径流和雨水径流中的污染物

根据 Xp-drainage 软件模拟结果显示，绿色屋顶、透水铺装和下凹绿地等低影响开发措施的组合对不同频率的暴雨形成的径流无论在洪峰还是在洪量上均有一定的消减效果。暴雨径流的削减，也将在雨水径流污染物削减方面产生显著效益。

（4）修复社会水循环

增加降雨向土壤水的转化量。采用下凹式绿地和透水铺装能够大量增加降雨渗入土壤的水量。通常绿地的径流系数为 0.15，小区内传统的混凝土硬化铺装地面的径流系数为 0.9，实施雨洪利用措施后，对于设计标准内降雨，绿地和透水地面的径流外排径流系数可降为零。一般情况下小区内绿地占 30%、硬化铺装地面占 35%，若绿地的截留量按10% 计，仅此两部分采取雨洪利用措施后，就可将降雨向土壤水的转化量增加至 160%。

增加地下水补给量。部分土壤水在重力作用下逐渐向下运动最终补给地下水。根据北京市城区的水文地质条件，渗入土壤的雨水转化为地下水的比例一般在 5% ~ 20%，平均为 10%，因此，若仅绿地和铺装地面采取雨洪利用措施，所增加的地下水补给量为降雨量的 3.6%。

增加蒸散发量。下凹式绿地能够使土壤含水量增加 2% ~ 5%，使植物生长旺盛，从而增加绿地的蒸散发量 0.02 ~ 0.32mm。通过透水地面渗入土壤的雨水、铺装层吸收和滞蓄的雨水，在降雨过后会逐渐通过铺装层的孔隙蒸发到空气中。

有效减少径流外排量。实施雨洪利用措施能够使外排径流量大大削减，甚至能够实现对于一定标准的降雨无径流外排。

有利于城市河道"清水常流"。调控排放形式的雨洪利用措施可使滞蓄在小区管道和调蓄池内的雨水在降雨结束后 5 ~ 10h 内缓慢排走，再考虑 5 ~ 10h 的汇流时间，则可使城市河道的径流时间延长 10 ~ 20h。使城市河道呈现出类似天然河道基流的状态，趋向于"清水常流"。

（5）有利于增加生物多样性

海绵城市涉及建设森林公园、生态公园、社区公园、防护绿地、人工湿地等措施，这些都是保护和提高城市生物多样性的重要场所，提高物种潜在共存性，促进城市生物多样性的保护和恢复，给公众提供自然的、生态健全的开敞空间。海绵城市的建设能够减缓对水体的污染，同样有利于促进城市水生生物的多样性发展。

本章参考文献

[1] Roy A H, Wenger S J, Fletcher T D, et al. Impediments and Solutions to Sustainable, Watershed-Scale Urban Stormwater Management: Lessons from Australia and the United States[J]. Environmental Management. 2008, 42（2）: 344-359.

[2] Mitchell V G. Applying Integrated Urban Water Management Concepts: A Review of Australian Experience[J]. Environmental Management. 2006, 37（5）: 589-605.

[3] Fletcher T D, Andrieu H, Hamel P. Understanding, management and modelling of urban hydrology and its consequences for receiving waters: A state of the art[J]. Advances in Water Resources. 2013, 51（1）: 261-279.

[4] Eagles P F J. Environmentally Sensitive Area Planning in Ontario, Canada[J]. Journal of the American Planning Association. 1981, 47（3）: 313-323.

[5] Davis A P, Traver R G, Iii W F H, et al. Hydrologic Performance of Bioretention Storm-Water Control Measures[J]. Journal of Hydrologic Engineering. 2012, 17（5）: 604-614.

[6] Debusk K M. Bioretention outflow: does it mimic non-urban watershed shallow interflow?[J]. Journal of Hydrologic Engineering. 2010, 16（3）: 3060-3070.

[7] Wong T H F. Improving urban stormwater quality - from theory to implementation[J]. Water - Journal of the Australian Water Association. 2000, 27（6）: 28-31.

[8] 王晓锋, 刘红, 袁兴中, 等. 基于水敏性城市设计的城市水环境污染控制体系研究 [J]. 生态学报. 2016, 36（1）: 30-43.

[9] Wong T H F. An Overview of Water Sensitive Urban Design Practices in Australia[J]. Water Practice & Technology. 2006, 1: 1-8.

[10] Allen W, Fenemor A, Kilvington M, et al. Building collaboration and learning in integrated catchment management: the importance of social process and multiple engagement approaches[J]. New Zealand Journal of Marine and Freshwater Research. 2011, 45（3）: 525-539.

[11] Gabe J, Trowsdale S, Vale R. Achieving integrated urban water management: planning top-down or bottom-up?[J]. Water Science & Technology A Journal of the International Association on Water Pollution Research. 2009, 59（10）: 1999-2008.

[12] Roon M V, Knight S. Ecological context of development: New Zealand perspectives[M]. Melbourne: Oxford University Press, 2004.

[13] VAN Roon M. EMERGING APPROACHES TO URBAN ECOSYSTEM MANAGEMENT: THE

POTENTIAL OF LOW IMPACT URBAN DESIGN AND DEVELOPMENT PRINCIPLES[J]. Journal of Environmental Assessment Policy & Management. 2011，07（1）: 125-148.

[14] van Roon M. Low impact urban design and development：Catchment-based structure planning to optimise ecological outcomes[J]. Urban Water Journal. 2011，8（5）: 293-308.

[15] Butler D，Parkinson J. Towards sustainable urban drainage[J]. Water Science & Technology. 1997，35（9）: 53-63.

[16] Fletcher T D，Shuster W，Hunt W F，et al. SUDS，LID，BMPs，WSUD and more – The evolution and application of terminology surrounding urban drainage[J]. Urban Water Journal. 2014，12（7）: 525-542.

[17] Wong T H F. Water sensitive urban design - the journey thus far[J]. Australian Journal of Water Resources. 2006，10（3）: 213-222.

[18] 仇保兴．海绵城市（LID）的内涵、途径与展望 [J].《建设科技》，2015（1）: 11-18.

[19] 凌子健，翟国方，何仲禹.2015《海绵城市理论与实践综述》中国城市规划年会论文.

[20] 俞孔坚.《我们为什么非要做五十年一遇的防洪堤呢？》2014 年在一席的演讲.

[21] 车伍，赵杨，李俊奇，王文亮，王建龙，王思思，宫永伟.海绵城市建设指南解读之基本概念与综合目标 [J].《中国给水排水》，2015（8）: 1-5.

[22] 赵雅.《城市看海背后,专家吵成一锅粥海绵城市进入百家争鸣时代》.《南方周末》微信公众号"千篇一绿".

[23] 李俊奇，车伍，孟光辉，汪宏玲.城市雨水利用方案设计与技术经济分析 [J].《给水排水》，2001，27（12）: 25-28.

第2章

山地海绵城市

2.1　山地城市概述

2.1.1　山地城市概念

　　山地是一种具有一定海拔高度和坡度的地貌类型，有广义和狭义之分。狭义的山地包括低山、中山、高山、极高山，广义的山地包括山地、丘陵和高原。在地理学中，山地被定义为陆地系统中具有明显绝对高度和相对高度的多维地貌单元，通常指海拔在500m以上且起伏较大的地貌，也是地球表面系统中结构较复杂、生态功能齐全、生态过程多样且影响强烈的区域。按此定义，我国的山地、丘陵和崎岖不平的高原总面积约占全国陆地面积的69%。

　　在工程学中，山地城市的定义建立在地理学地貌概念基础上，是以城市用地的地貌为特征，以地形对城市环境、城市工程技术经济性以及对城市布局的影响来确定的。克罗吉乌斯认为，分割深度（2km范围内的高度变化幅度）20~200m为丘陵地形，200~400m为山地地形。当城市发展地形内具有断面平均坡度大于5%，垂直分割深度大于25m的地貌特征的城市为山地城市[1]。在城市形态学中，部分学者以城市形态特征为起点，认为山地城市是与平原城市相对应的，山地城市由于其体现出来的主体景观和形态特征而有别于平原城市。山地城市的本质大致可以概括为三个方面：地理区位，大多坐落于大型的山区内部或山区和平原的交错带上；社会文化，山地城市经济、生态、社会文化在发展过程中与山地环境形成了不可分割的有机整体；空间特征，影响城市建设与发展的地形条件，具有长期无法克服的复杂的山地垂直地貌特征，由此形成了独特的分台聚居和垂直分异的人居空间环境[2]。

　　我国是一个多丘陵和山地的国家，山地面积约650万km²，山区城镇约占全国城镇总数的一半[3]。山地环境对当代人生活的影响将比过去更加强烈，山地城市是山地居民生产生活的重要场所和主要组成部分，也是经济社会与文化发展的重要基地。

2.1.2　山地城市地形地貌条件

　　山地城市建设在特殊的山地环境上，脆弱的生态系统与源远流长的文化传统决定了山地城市的空间布局必须适应山地特征。地形是影响城市基础建设的重要因素之一，山地城市具有复杂的地形、地貌和地质条件，其主要特征表现为以下四个方面[4]。

　　（1）用地紧张，道路断面小。山地城市由于地势起伏，用地紧张，建筑物建造密集，水、电、燃气、电力、通信等地下管线错综复杂，可利用的地下空间较少。

（2）城市地下空间使用情况错综复杂。由于地形地貌复杂，为缓解城市交通拥堵的问题，往往修建了较多的轨道、隧道、地下通道等；为充分利用空间，还修建了一些地下商场、停车场及人防工程等，导致地下空间的使用情况错综复杂，缺乏系统规划。

（3）城市道路地面波动多、起伏大。与平原城市相比，山地城市地质条件、地形、地貌复杂，地势起伏大，局部地区坡度较陡，不利于重力排水管线布置。

（4）城市下垫面硬化率高，逢雨即涝。以重庆市为例，随着都市圈不断延伸，建成区不透水路面和广场越来越广，虽然部分雨水能够通过市政排水管道排放，但是低洼地区排水困难、常常发生内涝现象，不仅严重阻碍交通，也会引起较大的经济损失。

2.1.3　山地城市排水系统

城市排水系统是城市泄洪排涝、污水收集输运的重要基础设施，是实现城市污染"控源减排"的重要环节。从近几年众多的国家级和世界级项目中可以看出，保护自然区域及城市区域的水平衡，已成了所有国家的共识。尽管维持城市水循环平衡的手段存在已久，但这一原则在许多城市并没有得到充分贯彻。根源在于人们总是将经济发展视为城市的首要目标，而并没有对雨洪管理和废水处理进行有效管控[5]。国内城市在排水系统建设初期大都采用直排式合流制，随着我国对环境污染防治日益重视，绝大部分城市已改造为截流式合流制或分流制；新建区域多采用分流制排水系统，我国很多城市的排水系统形成了合流制、分流制并存的混合排水体制。但是，由于我国城市排水系统的建设滞后于城市发展，部分城市排水系统执法监管不到位等原因，污水管道被人为接入或误接入雨水管网，实际上很多城市的分流制排水系统并未形成真正的分流，雨污混接现象普遍存在。雨污混接使城市污水未经处理就通过雨水排放系统直接排入受纳水体，污染城市水环境；由于"污"走"雨"路，污水占据了部分雨水的排放空间，在一定程度上削弱了雨水排放系统的排洪能力。

山地城市由于地形落差较大，通常在排水规划时根据高差进行分区，在每个分区根据具体情况确定相适宜的排水体制。在一些地形陡峭、沟床纵坡大、冲沟流水受季节影响明显的山地城市，城市雨水管道采取高水高排、就近排放的原则，排水、排洪渠道平面布置力求顺直，就近排入河流，并在远期增加弃流井，收集初期雨水径流至污水处理厂。为防止山洪的冲击，设计在城区各排水分区后缘设置截洪沟，将城市后缘雨水引到邻近冲沟，控制来水进入城区，减轻城区排水系统负担；在城区各冲沟设纵向排洪明渠或盖板涵，将山洪直接排入河流中；在城区沿等高线布置的路网中设置横向雨水管道，将雨水排入纵向排洪明渠或盖板渠[6]。山地城市的排水管网通常具有以下特征：

（1）地形复杂。山地城区一般地势起伏、道路坡度大、条块分割严重，常常形成各种不同高程的台地，各台地地面标高相差较大。

（2）在污水管网规划设计时，由于地形高差大，使污水提升泵站的设置难度增大。

（3）市区沟谷丘陵交错，填方厚度大，陡坎梯道较多，地质条件复杂，使管道的安全稳定要求提高。

近年来，水污染、城市内涝对城市功能、社会秩序、资源环境造成不同程度的破坏，已成为经济社会发展中的重大问题。受地形地貌和城镇化发展的双重影响，山地城市的降雨汇流速度较平原城市快，雨水径流在较短时间内大量汇集进入市政排水管网，可能导致排水管网的瞬时负荷超出设计排水能力，特别地，在山地城市的低洼地段，雨水径流易于累积，如果不能及时排出累积的雨水，极易出现雨水倒灌现象，甚至形成城市洪水，引发内涝灾害。

2.2　典型山地城市重庆

不论是广义和狭义理解，重庆市都是典型的山地城市。

重庆是我国著名历史文化名城，位于我国内陆西南部、长江上游地区。主城区坐落在长江与嘉陵江汇合处，两江环抱，依山建城，公路蜿蜒曲折，上下盘旋，是典型的山城，包括渝中区、江北区、渝北区、南岸区、九龙坡区、大渡口区、沙坪坝区、北碚区和巴南区共9个区，面积5468.7km²。早在1891年重庆就成为我国最早对外开埠的内陆通商口岸，1929年重庆正式建市，1997年成为我国继北京、上海、天津之后的第四个直辖市。全市辖区面积8.24万km²，辖38个区县（自治县），户籍人口3371万人，常住人口3017万人，常住人口城镇化率59.6%，其中主城建成区面积650km²，常住人口818.98万人，市域年均气温16～18℃，常年降雨量1000～1450mm，境内水系丰富，流经的重要河流有长江、嘉陵江、乌江、涪江、綦江、大宁河等。

2.2.1　地形地貌

重庆市地处四川盆地东部及其向盆周山地的过渡地带，地貌以丘陵、山地为主，其中山地占比高达76%,，是三峡库区最大的山地城市。其地势由西向东逐步升高，从南北两侧向长江河谷倾斜。总体地貌特征是：山丘广布，类型复杂，地形崎岖，高低悬殊，河流纵横，切割强烈，具有典型的山地城市特质。重庆市以低山为主，成层性明显，中低山约占辖区面积的63.31%，丘陵约占25.92%，平坝、台地约占11.4%。

重庆市境内南多浅丘，北多深丘。华蓥山以东七耀山以西为著名的川东平行岭谷区，华蓥山山脉由东北向西南成扫帚状分布，岭谷内河流短小，顺构造线发育，呈格状水系。河流切过背斜山时，形成峡谷，峡谷上下游落差巨大，造成水流变化显著。万州区北、东、南面，涪陵区长江以南及黔江地区为盆周边缘山地，是四川盆地向秦巴山地和贵州高原的过渡地带。万州区东北、以巫山山脉为顶点复合，向西呈扇形张开，建造了盆东缘山地，如大巴山、巫山、七暖山等山脉。东北的大巴山与鄂西的神农架相邻，山地高耸，山体雄厚，山脊海拔2000m以上，形成了南俯北仰的倾斜断块山。东南部的巫山、七耀山区属川鄂湘黔褶皱带，山脊海拔高在1000～1800m，呈北东走向，由于长江及主要支流深切成峡，地面起伏大，两岸形成河谷深邃的石山地带，相对高差达数百米至数千米。而重庆市东南部山脉多呈北东——南西和南北走向，山顶较平坦。海拔1000m以下的低山，主要分布在长江、川湘公路及黔江地区东南部。

重庆市独特的山地地形地貌特征，使得重庆市的地势具有较大的高差，这使得境内水流具有较大的势能差，活动能力较强。作为山地城市，重庆主城区排水系统的规划、设计、建设和管理维护具有区别于其他平原城市的地方。

2.2.2　排水特征

重庆是三峡库区重镇，具有库区山地城市的典型地形地貌特征，即地势起伏、地形高差大，这使得境内水流具有较大的势能差，活动能力较强；地质条件复杂多变，排水管网的使用工况复杂。作为典型的山地城市，重庆市排水系统的规划、设计、建设和管理维护具有区别于其他平原城市的地方。由于城镇地形复杂，城市道路坡度变化较大，排水管道的设置受地形、立交桥、下穿道等结构形式及交通安全设施等因素的制约，城市道路经常出现积水现象，严重地影响了交通。因此，对山地城市排水管道的设计优化进行探讨和研究，使之更趋合理就显得尤为重要，污水及雨水处理不当，直接影响水域功能和城市安全。

调查表明，重庆城市排水管网存在以下问题：

（1）重庆主城区内工业企业相对较少，且对于工业企业的污水排放管理较为严格，对于排入城市污水管网的工业废水，均要求其处理达标后尚可排放，故对重庆主城区而言，其点源污染主要以生活污染为主；

（2）污水管道覆盖率尚未达到100%，尚有部分地区污水采用散排或排放至雨水管道的情况；

（3）部分老旧污水管道污水渗漏严重；

（4）已有污水处理厂的处理能力有限。

因此污水收集和处理设施的不足，导致部分生活污水排入水体，给周边水体环境带来了较大的污染。

近年来，重庆经历了快速城市化过程，城市土地利用通过改变物质能量的流动而使城市地表水环境发生改变，其发展演变对水环境产生深远的影响，热岛效应的影响日趋显著，导致城市降雨量不断增加，引起水土流失等一系列问题。调查显示，2010 年以来重庆市每年的降雨量要明显高过 2010 年以前，这在一定程度上提高了重庆市内部排涝工作的难度。虽然部分雨水能够通过现有排水管网排放，但在低洼地区经常由于排水不及时而发生内涝现象，极易引发交通拥堵、居民出行困难，甚至造成很大的经济损失[7]。考虑到山地城市具有地面坡度大、易产流、冲刷作用强等特点，由此产生的径流污染较为严重，山地暴雨径流使流域水文过程快速发生、迅速消退的变化特点更加显著，对城市水生态系统具有较强的冲击力，由雨水径流产生的突发性高、冲击性强的非点源污染已成为水环境恶化的重要原因之一。综上所述，在重庆开展山地海绵城市规划建设工作已是迫在眉睫。

2.2.3　气候特征

重庆主城区属东亚内陆季风区，夏季受西南夏季风影响，高温、多雨，是我国暴雨频发的大城市之一。

重庆主城区地处四川盆地东南部，长江、嘉陵江在此汇合，属东亚内陆季风区，由于冬季受偏北季风控制，夏季受西南夏季风影响，加之地理条件的作用，形成了重庆典型的亚热带湿润季风性气候。"冬暖多雾少霜雪，春早偶寒降冰雹，夏季炎热多伏旱，秋凉雨绵阳光缺"，就是对重庆主城区气候季节特点的形象写照。

重庆主城区年平均气温为 17.2 ~ 18.5℃，最热月（7 月）平均气温 27.4 ~ 28.5℃，极端最高气温 44.3℃（2006 年 8 月 15 日，北碚）。最冷月（1 月）平均气温 6.4 ~ 7.8℃，极端最低气温为 -3.1℃（1975 年 12 月 15 日，北碚）。

主城区年雨量平均为 1075 ~ 1125mm，降水主要在 4 ~ 9 月的汛期，占年雨量的 8 成，10 月至翌年 3 月是少雨季节。1981 年以来，主城区大雨日数（≥ 25mm）变化趋势相同，均呈下降趋势，其中沙坪坝下降趋势最大。1991 年以来大雨日数的变化趋势与 1981 ~ 2013 年的趋势相同。大雨强度（年大雨量 / 年大雨日数）呈增加趋势，增加幅度分别为：1.55mm/10 年（沙坪坝）、0.86mm/10 年（渝北）、1.68mm/10 年（巴南），北碚呈减少趋势，减少幅度为：0.41mm/10 年（图 2.2.2）。1991 ~ 2013 年，沙坪坝、渝北、巴南年大雨强度变化趋势与 1981 ~ 2013 年相同，北碚呈增加趋势。

重庆气象灾害种类繁多，主要灾害有：高温、干旱、暴雨、低温、连阴雨、雾以及雷暴等，其中暴雨主要集中在 4 ~ 9 月。暴雨所带来的灾害主要表现为洪涝，以及由洪涝引起的山体滑坡、泥石流等次生灾害。

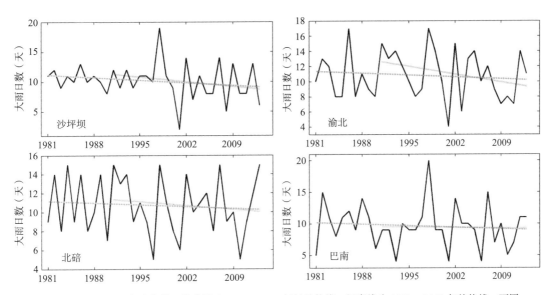

注：折线为1981-2013年变化值，长直线为1981~2013年的趋势线，短直线为1991~2013年趋势线。下同。

图 2.2.1 1981~2012年北碚、渝北、巴南、沙坪坝大雨日数（≥25mm）变化

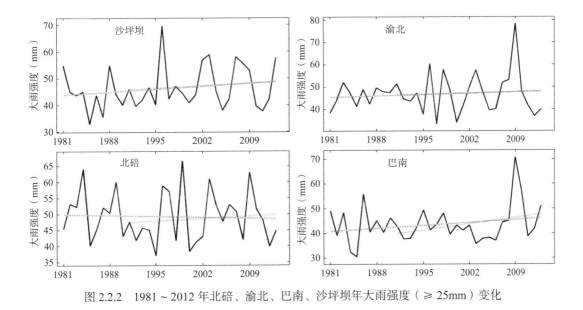

图 2.2.2 1981~2012年北碚、渝北、巴南、沙坪坝年大雨强度（≥25mm）变化

　　水汽输送通量能反映一个地区水汽的来源。重庆水汽来源主要是重庆西边界的西风水汽输送，以及重庆南边界的西南水汽输送，水汽输送方向呈现由西南向东北输送的路径。夏季西南风水汽输送强度最大，水汽充沛（图2.2.3）。

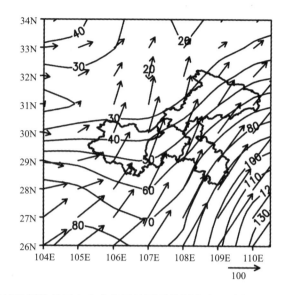

图 2.2.3　重庆及周边地区上空多年平均夏季整层水汽通量矢量及纬向水汽通量
（单位：kg/m·s）

2.2.4　暴雨特征

雨峰靠前，雨型急促，降雨历时短，短时形成暴雨或强降雨，是重庆的暴雨特征。如 2011 年 6 月 17 日，重庆市最大累计雨量为 182.7mm。一般的城市雨水排水系统难以承受，形成局地内涝。

将国家气象站和区域自动气象站近 5 年逐年每个历时最大的 8 场雨量作为基础资料，同样按"年多个样法"原则建立统计样本，即不论年次将各历时资料样本按从大到小顺序进行排序，并从大到小选取年数 4 倍的最大值作为分析样本，计算每站每个历时的平均值，绘制 10、30、60 和 90 分钟的平均最大降水量分布图（图 2.2.4 ~ 2.2.7）作为代表。

从图 2.2.4 ~ 2.2.7 可以看出，各历时的平均最大降水量分布趋势基本一致，以长江和嘉陵江之间的地区为最大，长江以南的地区次之，长江和嘉陵江以北的地区最小。

2.3　重庆海绵城市建设

重庆海绵城市建设首先试点先行，加快推进"1+3"海绵城市试点，即：1 个国家级试点区域两江新区悦来新城（建设期为 2015 ~ 2017 年）；3 个市级试点区域万州区、璧山区、秀山县（建设期为 2016 ~ 2018 年）。2015 年 4 月，国家首批海绵城市试点公布，重庆市两江新区悦来新城成功入围，成为全国 16 个海绵城市试点之一。2015 年 11 月，重庆市

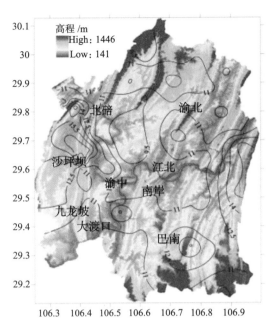

图 2.2.4　重庆主城区历时 10 分钟平均最大
降水量分布

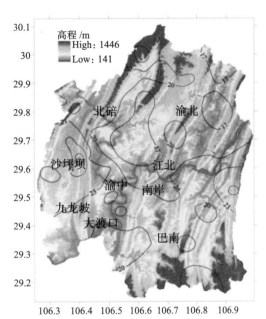

图 2.2.5　重庆主城区历时 30 分钟平均最大
降水量分布

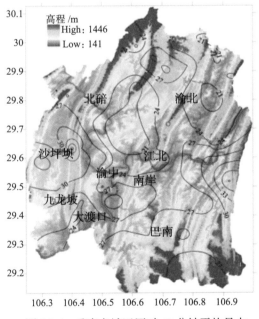

图 2.2.6　重庆主城区历时 60 分钟平均最大
降水量分布

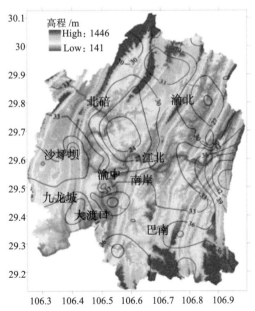

图 2.2.7　重庆主城区历时 120 分钟平均最大
降水量分布

城乡建设委员会、财政局、水利局启动市级海绵城市建设试点工作，首批市级试点城市
名额为 3 个，按照重庆市城市发展新区、渝东北生态涵养发展区、渝东南生态保护发展
区每个区择优选择一个试点城市。经过各区县申报及专家评审，最终确定璧山区、万州区、

秀山土家族苗族自治县为重庆市海绵城建设市级试点。

悦来新城海绵城市试点三年建设项目包括公园广场项目、城市道路、公共建筑项目、污水处理厂及二级管网、居住小区项目、调蓄设施及泄洪通道、监测评估工程等共计 76 个项目。三年海绵建设总投资为 42 亿元，2015 年投资 8 亿元，2016 年投资 18 亿元，2017 年投资 16 亿元。按流域打包原则拟定近远期建设计划，悦来新城共分为滨江流域、张家溪流域、后河流域三个流域分区，由于道路项目常常跨流域，故将道路项目单独列出。滨江流域分为 4 个小流域，包括会展公园二期、国博中心海绵城市改造、棕榈泉、海绵生态展示中心等 14 个项目，3 年总投资约 20 亿元。张家溪流域分为 2 个小流域，包括生态城中心广场、嘉悦江庭、威漫公园等 11 个项目，3 年总投资约 9 亿元。后河流域分为 2 个小流域，主要项目为后河（悦来段）生态环境综合整治工程，3 年总投资约 6 亿元。道路项目共 42 项，3 年总投资约 7 亿元。

璧山区的海绵城市试点范围为绿岛新区，试点区域总面积 8.35km²，服务人口 8 万人。示范区内共建设项目 69 个，海绵城市建设投资总计 14.72 亿元。万州区的海绵城市试点高铁片区是渝万城际铁路万州站的所在区域，同时也是成渝城镇群及三峡库区的重要交通枢纽，试点区域总面积 8.49km²，规划人口 10.2 万人。示范区域内工程项目共 84 个，海绵城市建设投资共计 14.31 亿元。秀山区的海绵城市试点区域位于秀山县城，试点区总面积 6.25km²，规划居住人口 6 万人，建设用地面积为 5.75km²，水域面积 0.45km²，合称南部新城。示范区域内工程项目共 63 个，海绵城市建设投资共计 11.19 亿元。

在 4 个试点项目实现运营的基础上，认真总结，形成符合山地城市特点的规划设计、施工验收、维护管理等地方标准，为海绵城市建设提供可复制、能推广的经验。其次逐步推广，2018 ~ 2020 年有条件的区县（自治县）及城市新区、各类园区、成片开发区先行启动海绵城市建设。力争到 2020 年，试点区县（自治县）城市建成区 30% 以上，非试点区县（自治县）城市建成区 20% 以上的面积达到目标要求。初步形成完善的城市生态保护体系，低影响开发雨水设施体系，排水防涝体系及初期雨水污染治理体系。最后，全面推进 2020 ~ 2030 年市所有区县（自治县）全面推进海绵城市建设。力争到 2030 年，全市城市建成区 80% 以上的面积达到目标要求。

本章参考文献

[1] 郑圣峰，侯伟龙 . 基于生态导向的山地城市空间结构控制——以重庆涪陵区城市规划为例 [J]. 山地学报 . 2013, 31（4）: 482-488.

[2] 陈玮 . 对我国山地城市概念的辨析 [J]. 华中建筑 . 2001, 19（3）: 55-58.

[3] 黄光宇 . 山地城市学原理 [M]. 北京：中国建筑工业出版社，2006.

[4] 靳俊伟，彭颖 . 山地城市综合管廊规划设计探讨 [J]. 给水排水 . 2016, 42（5）: 115-118.

[5] 沃夫冈·f·盖格 . 海绵城市和低影响开发技术——愿景与传统 [J]. 景观设计学 . 2015, 3（2）: 10-21.

[6] 雷晓玲，王泽宇，刘贤斌 . 三峡库区山地城市排水体制和管网方案的选择 [J]. 给水排水 . 2010, 36（3）: 101-103.

[7] 唐晓会 . 海绵城市技术在重庆山地城市建设中的应用 [J]. 重庆建筑 . 2015, 14（12）: 62-63.

第3章
重庆山地海绵城市的基础研究

2014 年重庆市在申报国家海绵城市试点城市过程中，积极开展重庆市暴雨强度公式修订、山地城市非金属管道排水系统及悦来新城雨水收集利用等十余项有关重庆山地海绵城市相关技术的基础研究，得到丰富的相关试验数据，为重庆市山地海绵城市的建设提供理论基础和数据支持。

3.1 暴雨强度公式修订

重庆市过去 20 年一直沿用的暴雨强度公式为 87 版公式，其推导数据只有 8 年，且为 1973 年之前的基础资料；在多年的使用中，其有效地指导了城市雨水排水规划设计工作，在城市雨水灾害防治管理、预警和应急处置及城市建设等方面起到了重要的作用。近年来，随着重庆市主城区城镇化进程不断加快，城市规模不断扩大，在气候变化和城市化快速发展背景下，区域短历时强降水的强度和分布特征均发生了显著变化，现行暴雨强度公式在准确性、适用性等方面出现了不足。2013 年重庆市发布了主城区沙坪坝、巴南、渝北的暴雨强度公式。此公式采用了《室外排水设计规范》GB 50014－2006（2011 版）推荐使用的年多个样法选取统计样本。但根据《室外排水设计规范》GB 50014－2006（2016 年版），具有 20 年以上自动雨量记录数据的地区，应采用年最大值法确定。因此有必要采用年最大值法建立统计样本。

3.1.1 暴雨强度公式修订

以沙坪坝区为例，采用耿贝尔分布、指数分布、皮尔逊-Ⅲ型曲线进行调整，得出重现期、降雨强度和降雨历时三者的关系，即 P、i、t 的关系值（表 3.1.1、表 3.1.2）。

沙坪坝降水强度、重现期、降水历时（i-P-t）表（1981 ～ 2013 年最大值取样）　表 3.1.1

重现期	5	10	15	20	30	45	60	90	120
100	22.762	35.488	48.457	59.448	80.691	97.32	109.348	120.849	130.595
50	20.471	31.911	43.401	53.092	71.701	86.401	97.002	107.567	116.34
20	17.443	27.182	36.717	44.69	59.817	71.968	80.681	90.008	97.497
10	15.152	23.605	31.661	38.334	50.828	61.049	68.335	76.726	83.243
5	12.861	20.027	26.606	31.978	41.838	50.131	55.989	63.443	68.988
3	11.173	17.391	22.88	27.294	35.213	42.084	46.891	53.654	58.483
2	9.833	15.298	19.922	23.576	29.954	35.697	39.669	45.885	50.145
1	7.542	11.721	14.866	17.22	20.965	24.779	27.323	32.602	35.891

沙坪坝降水强度、重现期、降水历时（i-P-t）表（1991～2013年多个样法取样）　表 3.1.2

重现期	5	10	15	20	30	45	60	90	120
100	21.479	33.99	45.767	54.663	73.667	91.455	100.022	112.18	123.06
50	19.789	31.266	41.918	49.981	67.035	83.027	90.839	101.98	111.86
20	17.554	27.665	36.83	43.792	58.268	71.886	78.701	88.495	97.061
10	15.863	24.941	32.981	39.111	51.636	63.458	69.518	78.293	85.865
5	14.173	22.217	29.132	34.429	45.004	55.03	60.336	68.091	74.67
3	12.927	20.21	26.295	30.979	40.116	48.819	53.569	60.572	66.419
2	11.938	18.616	24.044	28.24	36.236	43.889	48.197	54.604	59.87
1	10.247	15.892	20.195	23.559	29.604	35.461	39.015	44.401	48.674

（1）单一重现期暴雨强度公式拟合

依据《室外排水设计规范》GB50014-2006（2011版），暴雨强度公式的定义为：

$$q = \frac{167A_1(1 + C \lg P)}{(t + b)^n} \tag{3-1}$$

式（3-1）中：q 为暴雨强度（单位：L/（s·hm²）），P 为重现期（单位：a），取值范围为 0.25～100a；t 为降雨历时（单位：min），取值范围为 1～120min。重现期越长、历时越短，暴雨强度就越大，而 A_1、b、C、n 是与地方暴雨特性有关且需求解的参数：A_1 为雨力参数，即重现期为 1a 时的 1min 设计降雨量（单位：mm）；C 为雨力变动参数；b 为降雨历时修正参数，即对暴雨强度公式两边求对数后能使曲线化成直线所加的一个时间参数（单位：min）；n 为暴雨衰减指数，与重现期有关。

（2）年多个样法单一重现期暴雨强度公式拟合计算

从式（3-1）可以看出，暴雨强度公式为已知关系式的非线性方程，公式中有 4 个参数，显然常规方法无法求解，因此参数估计方法设计和减少估算误差尤为关键。首先对式（3-1）进行线性化处理：

令 $A = A_1$（$1 + C \lg P$），那么式（3-1）即变为：

$$q = \frac{167A}{(t + b)^n} \tag{3-2}$$

式（3-2）即为单一重现期公式，通过式（3-2）分别把 0.25、0.33、0.5、1、2、3、5、10、20、50 和 100 年一遇等 11 个重现期的单一暴雨强度公式推求出来。首先推算这 11 个重现期暴雨强度公式的需求参数 A、b、n。用常规方法无法求解暴雨强度公式即式（3-1），将式（3-2）两边取对数得：

$$\ln q = \ln 167A - n\ln(t+b) \qquad\qquad (3\text{-}3)$$

令 $y=\ln q$，$b_0=\ln 167A$，$b_1=-n$，$x=\ln(t+b)$，那么式（3-3）就变为：

$$y=b_0+b_1X \qquad\qquad (3\text{-}4)$$

式（3-4）应用数值逼近和最小二乘法，可求出 b_0、b_1，则 A、n 可求。但在具体计算时，由于 b 也是未知数，因此还无法应用最小二乘法求解方程。这时将 b 值在（0，50）范围内取值，步长为 0.001，应用最小二乘法求得 A、n 值。将此 A、n、b 代入公式 $q=\dfrac{167A}{(t+b)^n}$，计算出暴雨强度 q''，同时算出降雨强度 q' 与计算的暴雨强度 q'' 的平均绝对方差 σ，采用数值逼近法选取 σ 最小的一组 A、b、n 为所求。这样，可将单一重现期暴雨强度公式逐个推算出来（表 3.1.3）。

沙坪坝单一重现期暴雨公式（1991～2013 年多个样法取样）	表 3.1.3
重现期 P（年）	公式
$P=1$	$1794.749/(t+6.781)^{0.674}$
$P=2$	$2197.219/(t+8.062)^{0.667}$
$P=3$	$2423.671/(t+8.468)^{0.665}$
$P=5$	$2703.897/(t+8.896)^{0.662}$
$P=10$	$3078.144/(t+9.550)^{0.660}$
$P=20$	$3626.739/(t+10.657)^{0.665}$
$P=30$	$3921.661/(t+11.041)^{0.667}$
$P=40$	$4124.733/(t+11.279)^{0.668}$
$P=50$	$4279.542/(t+11.453)^{0.669}$
$P=60$	$4404.959/(t+11.589)^{0.670}$
$P=70$	$4510.169/(t+11.701)^{0.670}$
$P=80$	$4600.85/(t+11.796)^{0.671}$
$P=90$	$4680.509/(t+11.880)^{0.671}$
$P=100$	$4751.651/(t+11.953)^{0.672}$

（3）年最大值法单一重现期暴雨强度公式拟合

在使用年最大值法推算过程中，会出现大雨年的次大值虽大于小雨年的最大值而不入选的情况，该方法算得的暴雨强度小于年多个样法的计算值，因此采用年最大值法时需作重现期修正，根据文献的研究成果，两者对应的重现期转换公式如下：

$$P_e = \frac{1}{\ln P_m - \ln(P_m - 1)}$$ （3-5）

式中：P_e 为年多个样法的重现期，P_m 为年最大值法的重现期。根据式（3-5）计算出的 P_e 和 P_m 关系见表 3.1.4。

年多个样法重现期 P_e 和年最大值法重现期 P_m 的转换关系 表 3.1.4

P_e（年）	1	2	3	5	10	20	50	100
P_m（年）	1.58	2.54	3.53	5.54	10.5	20.4	50.5	100.5

根据 i、P、t 的关系值应用数值逼近和最小二乘法求得 A_1、b、C、n 各个参数，将求得的各个参数代入 $q = \dfrac{167A_1(1 + C\lg P)}{(t + b)^n}$，并经过重现期修正即得到沙坪坝年最大值法的暴雨强度公式（表 3.1.5 ~ 3.1.7）。

沙坪坝单一重现期暴雨公式（1981-2013 年最大值法取样） 表 3.1.5

重现期 P（a）	公式
$P = 1$	$1224.611/(t + 6.197)^{0.667}$
$P = 2$	$1824.308/(t + 8.302)^{0.667}$
$P = 3$	$2161.815/(t + 8.968)^{0.667}$
$P = 5$	$2579.315/(t + 9.671)^{0.667}$
$P = 10$	$3172.666/(t + 10.841)^{0.670}$
$P = 20$	$4011.674/(t + 12.213)^{0.684}$
$P = 30$	$4500.817/(t + 12.822)^{0.689}$
$P = 40$	$4847.342/(t + 13.218)^{0.692}$
$P = 50$	$5116.045/(t + 13.512)^{0.694}$
$P = 60$	$5335.483/(t + 13.746)^{0.696}$
$P = 70$	$5520.853/(t + 13.941)^{0.697}$
$P = 80$	$5681.507/(t + 14.107)^{0.698}$
$P = 90$	$5823.123/(t + 14.252)^{0.699}$
$P = 100$	$5949.876/(t + 14.381)^{0.700}$

（4）重现期区间参数公式拟合

上节求得的为单一重现期的暴雨强度公式，而两个单一重现期之间的暴雨强度还无法求得，例如重现期为 5 年、10 年的暴雨强度可求得，但重现期为 8 年的暴雨强度则无法计算，通过引入重现期区间参数公式，可以顺利解决这个问题。

经反复推算和筛选，用公式 $y=b_1+b_2\ln(P+C)$ 作为区间参数公式来求算区间参数值效果最佳（式中 y 为 A、b、n 参数中的任一个，P 为重现期，C 为常数）。

首先把 0.25 ~ 100 年分为（Ⅰ）0.25 ~ 1 年、（Ⅱ）1 ~ 10 年和（Ⅲ）10 ~ 100 年三个区间，将 A、b、n 代入公式 $y=b_1+b_2\ln(P+C)$ 得：

$$A=A_1+A_2\ln(P+C_A) \tag{3-6}$$
$$b=b_1+b_2\ln(P+C_b) \tag{3-7}$$
$$n=n_1+n_2\ln(P+C_n) \tag{3-8}$$

上面三式中 A、b、n 和 P 是已知数，A_1、A_2、C_A、b_1、b_2、C_b 及 n_1、n_2、C_n 都是未知数，根据上面求得单一重现期 P 下的 A、b、n 值，同理，利用单一重现期暴雨强度公式拟合方法，常数 C 分别在（-0.25，0）区间、（-1，0）区间和（-10，0）区间取值，应用最小二乘法分别求得 A_1、A_2、b_1、b_2、n_1 和 n_2，采用数值逼近法直至平均绝对方差为最小，这时的一组参数值即为未知数 A_1、A_2、C_A、b_1、b_2、C_b 和 n_1、n_2、C_n 的值，可算得Ⅰ、Ⅱ、Ⅲ三个区间的 A、b、n 值，将它们代入公式 $q=\dfrac{167A}{(t+b)^n}$，可得 0.25 ~ 100 年之间的任意一个重现期暴雨强度公式，从而可计算任意重现期的暴雨强度（表 3.1.6）。

沙坪坝区间参数公式（1981 ~ 2013 年最大值法取样）　　表 3.1.6

P（年）	区间	参数	公式
1 ~ 10	Ⅱ	n	$0.667+0.000\ln(P-0.312)$
		b	$8.139+1.074\ln(P-0.836)$
		A	$7.918+4.746\ln(P-0.116)$
10 ~ 100	Ⅲ	n	$0.664+0.008\ln(P-7.842)$
		B	$9.143+1.152\ln(P-5.632)$
		A	$2.515+7.192\ln(P-0.107)$

沙坪坝区间参数公式（1991 ~ 2013 年多个样法取样） 表 3.1.7

P（年）	区间	参数	公式
0.25 ~ 1	I	n	$0.669 - 0.027\ln(P - 0.186)$
		b	$7.023 + 0.599\ln(P - 0.197)$
		A	$10.962 + 2.224\ln(P - 0.013)$
1 ~ 10	II	n	$0.668 - 0.004\ln(P - 0.771)$
		b	$7.963 + 0.654\ln(P - 0.836)$
		A	$11.140 + 3.185\ln(P - 0.116)$
10 ~ 100	III	n	$0.658 + 0.003\ln(P - 7.842)$
		b	$9.058 + 0.640\ln(P - 7.842)$
		A	$10.396 + 3.941\ln(P - 2.317)$

（5）沙坪坝暴雨强度总公式拟合

将暴雨强度公式 $q = \dfrac{167A_1(1 + C\lg P)}{(t+b)^n}$ 两边取对数得：

$$\ln q = \ln 167A_1 + \ln(1 + C\lg P) - n\ln(t+b) \qquad (3\text{-}9)$$

令 $y = \ln q$，$b_0 = \ln 167A_1$，$x_1 = \ln(1 + C\lg P)$，$b_2 = -n$，$x_2 = \ln(t+b)$，即得 $y = b_0 + x_1 + b_2 x_2$。已知 q、P、t 值，应用数值逼近法和最小二乘法解此二元线性回归方程，可求得 A_1、n，从而可推算出暴雨强度公式，计算结果见表 3.1.8。

重庆市主城区沙坪坝站各方法计算结果的暴雨强度总公式 表 3.1.8

站名	资料年限（年）	取样方法	拟合曲线	暴雨强度总公式
沙坪坝（57516）	1981 ~ 2013	年最大值法	皮尔逊III型	$q = \dfrac{1963.014(1 + 0.464\lg P)}{(t+9.865)^{0.662}}$
			指数分布	$q = \dfrac{1467.622(1 + 0.997\lg P)}{(t+9.671)^{0.655}}$
			耿贝尔分布	$q = \dfrac{1526.852(1 + 0.893\lg P)}{(t+9.389)^{0.654}}$
	1991 ~ 2013	年多个样法	皮尔逊III型	$q = \dfrac{1443.701(1 + 0.607\lg P)}{(t+6.406)^{0.621}}$
			指数分布	$q = \dfrac{1563.609(1 + 0.633\lg P)}{(t+6.947)^{0.624}}$
			耿贝尔分布	$q = \dfrac{1471.270(1 + 0.568\lg P)}{(t+6.259)^{0.616}}$

3.1.2 精度检验

为确保计算结果的准确性，对暴雨强度计算结果进行了精度检验，计算出重现期 0.25 ~ 10 年（年多个样法）、2 ~ 20 年（年最大值法）的暴雨强度，并将算得的暴雨强度理论值和拟合实测值的平均绝对均方误差和平均相对均方误差，与《室外排水设计规范》GB 50014—2006 规定的精度对照。规范规定：绝对均方误差不超过 0.05mm/min，平均相对均方差不大于 5%。

平均绝对均方根误差：

$$X_m = \sqrt{\frac{1}{n}\sum_{i=1}^{n}(\frac{R_i^{'}-R_i}{t_i})^2} \tag{3-10}$$

平均相对均方根误差：

$$U_m = \sqrt{\frac{1}{n}\sum_{i=1}^{n}(\frac{R_i^{'}-R_i}{R_i})^2} \times 100\% \tag{3-11}$$

式（3-10）、（3-11）中：R' 为单一重现期暴雨强度公式计算值，R 为降水强度（即 P-i-t 三联表对应的 i 值），t 为降水历时，n 为样本数。

由各方法计算结果的暴雨强度公式误差表可见，沙坪坝站利用近 30 年资料，采用年最大值法、年多个样法选样，利用指数分布、皮尔逊 - Ⅲ型、耿贝尔分布曲线拟合得到的暴雨强度公式均通过精度检验（表 3.1.9）。采用多个样法取样，指数分布曲线优于皮尔逊 - Ⅲ型和耿贝尔分布；采用年最大值法取样时，指数分布与耿贝尔分布优于皮尔逊 - Ⅲ型，指数分布平均绝对均方差与平均相对均方差小于耿贝尔分布。下面利用年最大值法与年多个样法，各选取指数分布曲线拟合得到的暴雨强度公式的计算结果作进一步的分析。

各方法计算结果的暴雨强度公式误差表　　　　表 3.1.9

站名	资料年限（年）	取样方法	拟合曲线	平均绝对均方差（mm/min）	平均相对均方差（%）
沙坪坝	1981 ~ 2013	年最大值法	皮尔逊Ⅲ型	0.048	4.32
			指数分布	0.033	3.72
			耿贝尔分布	0.037	4.16
	1991 ~ 2013	年多个样法	皮尔逊Ⅲ型	0.041	3.13
			指数分布	0.032	2.49
			耿贝尔分布	0.034	2.68

3.1.3 年多个样法和年最大值法暴雨强度的比较

分别利用年多个样法的暴雨强度公式和年最大值法暴雨强度公式计算沙坪坝各历时的暴雨强度（表 3.1.10），从表 3.1.10 可以看出，在重现期 1 ~ 10 年，年最大值法的暴雨强度比年多个样法明显偏小，重现期越小，偏小的幅度越大，重现期 1 ~ 10 年各历时平均偏小 14.0%。重现期 10 年以上，年最大值法的暴雨强度比年多个样法明显偏大，偏大 0.1% ~ 8.6%。可见，年最大值法与年多个样法的计算结果在重现期 10 年有显著的差异，下面将对年最大值法、年多个样法的暴雨强度公式再进一步的分析。

根据重庆市沙坪坝区 1991 ~ 2013 年逐分钟资料，采用年多个样法，计算 1 ~ 10 重现期的暴雨强度，得出皮尔逊 - Ⅲ 型、耿贝尔分布和指数分布曲线的误差，具体见表 3.1.11。

皮尔逊 - Ⅲ型、耿贝尔分布和指数分布曲线的误差（1 ~ 10 重现期）		表 3.1.11
分布曲线	X_m	U_m
皮尔逊 - Ⅲ 型	0.041	3.13%
耿贝尔分布	0.034	2.68%
指数分布曲线	0.032	2.49%

注：X_m：平均绝对均方根误差，U_m：平均相对均方根误差。下同。

根据表 3.1.11 可得出，指数分布曲线拟合得出的暴雨强度公式无论是平均绝对均方根误差还是平均相对均方根误差都优于皮尔逊 - Ⅲ 型、耿贝尔分布拟合的暴雨强度公式。因此我们选择指数分布曲线拟合得出的暴雨强度公式。

根据重庆市沙坪坝区 1981 ~ 2013 年逐分钟资料，采用年最大值法，计算 1 ~ 100 重现期的暴雨强度，得出皮尔逊 - Ⅲ 型、耿贝尔分布和指数分布曲线的误差，具体见表 3.1.12。

皮尔逊 - Ⅲ型、耿贝尔分布和指数分布曲线的误差（1 ~ 100 重现期）		表 3.1.12
分布曲线	X_m	U_m
皮尔逊 - Ⅲ 型	0.048	4.32%
耿贝尔分布	0.037	4.16%
指数分布曲线	0.033	3.72%

根据表 3.1.12 可得出，指数分布曲线拟合得出的暴雨强度公式无论是平均绝对均方根误差还是平均相对均方根误差都优于皮尔逊 - Ⅲ 型、耿贝尔分布拟合的暴雨强度公式。因此，采用年最大值法，也是选择指数分布曲线拟合得出的暴雨强度公式：

表 3.1.10

沙坪坝年多个样法和年最大值法暴雨强度对比表

暴雨强度重现期	5分钟			10分钟			15分钟			20分钟			30分钟			45分钟			60分钟			90分钟			120分钟			各历时差值平均(%)
	多样本	最大值	差值(%)	多样本	最大值	差值(%)	多样本	最大值	差值(%)	多样本	最大值	差值(%)	多样本	最大值	差值(%)	多样本	最大值	差值(%)	多样本	最大值	差值(%)	多样本	最大值	差值(%)	多样本	最大值	差值(%)	
1	340.429	244.482	-28.2	268.211	191.12	-28.7	224.978	159.725	-29.0	195.726	138.683	-29.1	158.042	111.78	-29.3	125.503	88.702	-29.3	105.727	74.731	-29.3	82.334	58.241	-29.3	68.635	48.596	-29.2	-29.0
2	395.817	324.673	-18.0	318.868	262.429	-17.7	270.908	223.381	-17.5	237.672	196.217	-17.4	193.948	160.358	-17.3	155.397	128.635	-17.2	131.621	109.026	-17.2	103.167	85.518	-17.1	86.342	71.599	-17.1	-17.4
3	430.018	372.404	-13.4	348.582	303.653	-12.9	297.24	259.779	-12.6	261.412	228.939	-12.4	213.985	187.852	-12.2	171.906	151.176	-12.1	145.839	128.363	-12.0	114.533	100.884	-11.9	95.968	84.553	-11.9	-12.4
5	473.584	430.007	-9.2	386.397	353.608	-8.5	330.78	304.03	-8.1	291.686	268.818	-7.8	239.592	221.474	-7.6	193.063	178.822	-7.4	164.099	152.121	-7.3	129.176	119.801	-7.3	108.396	100.517	-7.3	-7.8
10	525.774	498.391	-5.2	432.645	414.714	-4.1	372.267	359.068	-3.5	329.398	318.939	-3.2	271.752	264.235	-2.8	219.788	214.272	-2.5	187.229	182.698	-2.4	147.768	144.207	-2.4	124.188	121.117	-2.5	-3.2
20	573.501	572.796	-0.1	480.808	481.112	0.1	418.107	418.734	0.1	372.369	373.106	0.2	308.632	310.113	0.5	250.464	251.883	0.6	213.712	214.799	0.5	168.898	169.365	0.3	142	142.028	0.0	0.2
50	657.248	675.028	2.7	550.341	571.82	3.9	478.367	500.202	4.6	426.051	447.142	5.0	354.203	373.026	5.3	288.084	303.715	5.4	246.069	259.228	5.3	194.628	204.423	5.0	163.659	171.326	4.7	4.7
100	709.236	747.041	5.3	596.157	636.168	6.7	519.37	558.292	7.5	463.247	500.132	8.0	385.787	418.283	8.4	314.15	341.157	8.6	268.477	291.397	8.5	212.422	229.865	8.2	178.617	192.607	7.8	7.7

1-100 年平均   -7.2

$$q = \frac{1467.622\,(1+0.997\lg P\,)}{(\,t+9.671)^{0.655}}$$ （3-12）

根据年最大值法计算暴雨强度公式在低重现期（1～10年）误差与采用年多个样法计算的暴雨强度公式的误差比较得出表 3.1.13。

年最大值法与年多个样法误差表　　　　　　　　　　表 3.1.13

分布曲线	取样法	重现期 1～10 年 X_m	重现期 1–10 年 U_m
皮尔逊 - Ⅲ型	年最大值法	0.048	4.32%
耿贝尔分布	年最大值法	0.037	4.16%
指数分布曲线	年最大值法	0.033	3.72%
指数分布曲线	年多个样法	0.032	2.49%

根据表 3.1.13 可得出，在低重现期（1～10年），采用年多个样法，利用指数分布曲线拟合得出的暴雨强度公式的误差，无论是平均绝对均方根误差还是平均相对均方根误差都优于采用年最大值法利用指数分布曲线、皮尔逊 - Ⅲ型和耿贝尔分布拟合的暴雨强度公式的误差。因此，沙坪坝在低重现期（1～10年），选择年多个样法的指数分布曲线拟合得出的暴雨强度公式：

$$q = \frac{1563.609\,(1+0.633\lg P)}{(\,t+6.947)^{0.624}}$$ （3-13）

因此，沙坪坝暴雨强度公式为：

（1）1 年≤ P ≤ 10 年时：

$$q = \frac{1563.609\,(1+0.633\lg P)}{(\,t+6.947)^{0.624}}$$ （3-14）

平均绝对均方差：0.032mm/min；平均相对均方差：2.49%。

（2）10 年≤ P ≤ 100 年时：

$$q = \frac{1467.622\,(1+0.997\lg P)}{(\,t+9.671)^{0.655}}$$ （3-15）

平均绝对均方差：0.033mm/min；平均相对均方差：3.72%。

3.1.4 新编暴雨强度公式与现有公式比较分析

将现有暴雨强度公式和新编暴雨强度公式按不同重现期、不同降雨历时计算暴雨强度值，将计算所得暴雨强度值与现有公式进行比较，主要针对 2~50 年重现期的平均相对误差进行比较，见图 3.1.1~3.1.6。

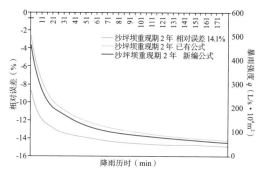

图 3.1.1 沙坪坝新编公式与现有公式
暴雨强度值比较（P=2）

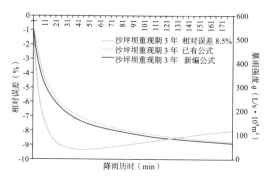

图 3.1.2 沙坪坝新编公式与现有公式
暴雨强度值比较（P=3）

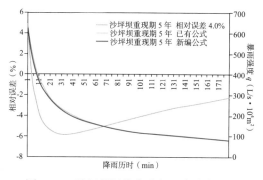

图 3.1.3 沙坪坝新编公式与现有公式
暴雨强度值比较（P=5）

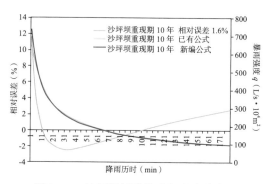

图 3.1.4 沙坪坝新编公式与现有公式
暴雨强度值比较（P=10）

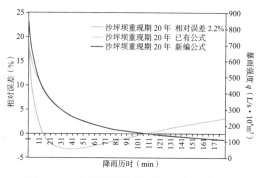

图 3.1.5 沙坪坝新编公式与现有公式
暴雨强度值比较（P=20）

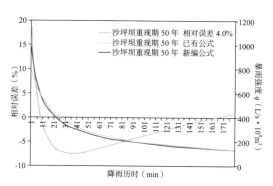

图 3.1.6 沙坪坝新编公式与现有公式
暴雨强度值比较（P=50）

沙坪坝新编的暴雨强度公式在不同重现期和不同降雨历时的暴雨强度值总体没什么变化,差值在2%~14.1%之间。在低重现期5年以下和历时较短的时间里,现有公式略大,其他的是新编公式较大。

3.1.5　其他区县暴雨强度公式

同理,得到区县暴雨强度总公式(表3.1.14)。

各方法计算结果的暴雨强度总公式表　　　　　　　　　　表 3.1.14

资料年限（年）	拟合曲线	暴雨强度总公式
巴南区 1991~2014	皮尔逊Ⅲ型	$q = \dfrac{1752.000 \times (1 + 0.919 \lg P)}{(t + 8.869)^{0.706}}$
	指数分布	$q = \dfrac{1909.344 \times (1 + 0.997 \lg P)}{(t + 10.346)^{0.721}}$
	耿贝尔分布	$q = \dfrac{1898.460 \times (1 + 0.867 \lg P)}{(t + 9.480)^{0.709}}$
渝北区 1991~2014	皮尔逊Ⅲ型	$q = \dfrac{1033.481 \times (1 + 0.880 \lg P)}{(t + 8.705)^{0.549}}$
	指数分布	$q = \dfrac{1037.250 \times (1 + 0.997 \lg P)}{(t + 9.030)^{0.550}}$
	耿贝尔分布	$q = \dfrac{1111.152 \times (1 + 0.945 \lg P)}{(t + 9.713)^{0.561}}$
北碚区 1991~2014	皮尔逊Ⅲ型	$q = \dfrac{708.006 \times (1 + 0.776 \lg P)}{(t + 3.474)^{0.489}}$
	指数分布	$q = \dfrac{623.700 \times (1 + 0.984 \lg P)}{(t + 2.956)^{0.479}}$
	耿贝尔分布	$q = \dfrac{699.623 \times (1 + 0.737 \lg P)}{(t + 2.826)^{0.478}}$

各方法的计算结果表　　　　　　　　　　表 3.1.15

资料年限（年）	取样方法	拟合曲线	平均绝对均方差（mm/min）	平均相对均方差（%）
巴南区 1991~2014	年最大值法	皮尔逊Ⅲ型	0.050	2.81
		指数分布	0.056	4.24
		耿贝尔分布	0.047	2.98

续表

资料年限（年）	取样方法	拟合曲线	平均绝对均方差（mm/min）	平均相对均方差（%）
渝北区 1991～2014	年最大值法	皮尔逊Ⅲ型	0.055	5.91
		指数分布	0.060	6.32
		耿贝尔分布	0.043	3.82
北碚区 1991～2014	年最大值法	皮尔逊Ⅲ型	0.039	3.97
		指数分布	0.039	3.94
		耿贝尔分布	0.036	3.76

3.1.6　使用范围

根据重庆主城区短历时最大降水量分布特征和各地暴雨强度的比较分析结果和规划、设计上的安全及使用上的方便，短历时最大降水量略为偏小、分布特征比较接近的地区使用稍大地区的暴雨强度公式，根据此原则划定各暴雨强度公式使用区域分布图，各地的暴雨强度公式适用范围如图 3.17。

沙坪坝区暴雨强度公式适用范围：长江和嘉陵江之间的地区。主要包括：沙坪坝、渝中、九龙坡、大渡口区和部分北碚区（嘉陵江以南区域）。

渝北区暴雨强度公式适用范围：长江和嘉陵江以北的地区。主要包括：渝北、江北区和大部分北碚区（嘉陵江以北区域）。

北碚暴雨强度公式不使用。因为北碚暴雨强度公式计算结果略小于渝北，北碚以北（南）短历时最大降水量空间分布与渝北（沙坪坝）基本一致，故分别用沙坪坝（北碚的嘉陵江以南区域）、渝北（北碚的嘉陵江以北区域）暴雨强度公式代替。

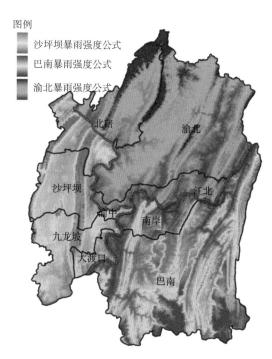

图 3.1.7　暴雨强度公式使用分布图

3.2　径流雨水基础研究

雨水自空中降落到地面，并对地面进行冲刷后形成径流，最终排入水体，在此过程中接触到的污染物主要有：大气中的污染物，主要是空气中的尘埃、细菌、酸性物质等，反映到水质中主要是 SS、COD、pH 值等；地表屋面的污染物，成分较复杂，主要是尘埃、有机物、油脂、微生物、汽车轮胎磨损形成的粉尘颗粒，各种化学物质等。国内外学者研究表明，对同一场降雨而言，初期径流雨水中的污染物浓度较高，随着降雨历时的延长主要污染物指标逐渐降低并趋于稳定。

研究表明，对于小而平整的汇水面雨水污染物浓度与降雨历时符合指数形式的冲刷模型，即初期径流污染物浓度随降雨历时呈指数下降。但对于大而复杂的汇水面，由于随机性影响因素多而复杂，雨水污染物浓度的变化规律尚未有统一认识。

3.2.1 路面径流雨水历时变化

研究了悦来新城地块和重庆两江新区照母山科技城地块不同区域、不同下垫面类型径流雨水历时变化，分别以不同下垫面的路面径流雨水和屋面径流雨水及不同区域的径流雨水作为对象进行分析。

悦来新城以 2016 年 5 月 12 日悦融路取样检测结果分析，照母山科技城区域以 9 月 19 日采样重庆市科学技术研究院大门处雨水干管，监测了 COD_{Cr}、TN、TP、SS。悦融路径流雨水随降雨历时变化如图 3.2.1 ~图 3.2.4，重科院大门外雨水干管取样检测结果见图 3.2.5 ~图 3.2.6。结果显示，悦融路雨水干管表现出强烈的冲刷规律，即随降雨的进行，雨水中 COD、TN、TP、SS 浓度均表现出来逐渐降低趋势，TN 和 SS 在降雨约 80min 后浓度趋于稳定，TP 则在降雨 30min 后趋于稳定，COD 在降雨前 30min 逐渐升高，后急速下降。

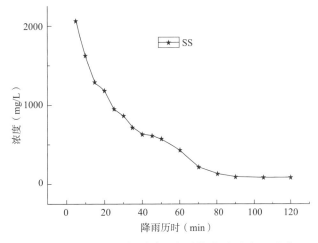

图 3.2.1 5 月 12 日悦融路雨水干管降雨历时 SS 变化

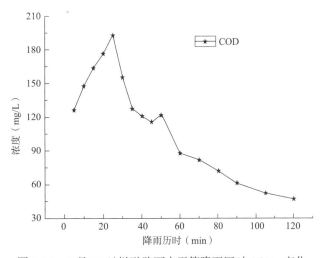

图 3.2.2 5 月 12 日悦融路雨水干管降雨历时 COD_{Cr} 变化

重科院大门外检测结果显示，在降雨进行前 50min，TN、TP 均处在较低水平，而后半小时内浓度上升，到 100min 时浓度恢复到之前水平，这可能与采样雨水干管所收集区域有关，降雨初期为采样点周围的雨水，屋面和路面径流雨水在经过汇集、输送等过程后到达采样点。而 COD$_{Cr}$ 和 SS 则总体表现出略降趋势，但浓度变化波动大。由于管道的汇水面积较大，径流污染物到达取水口的时间不同，离取水口距离近的下垫面污染物经雨水冲刷到达取水口的时间短，相反则时间长。

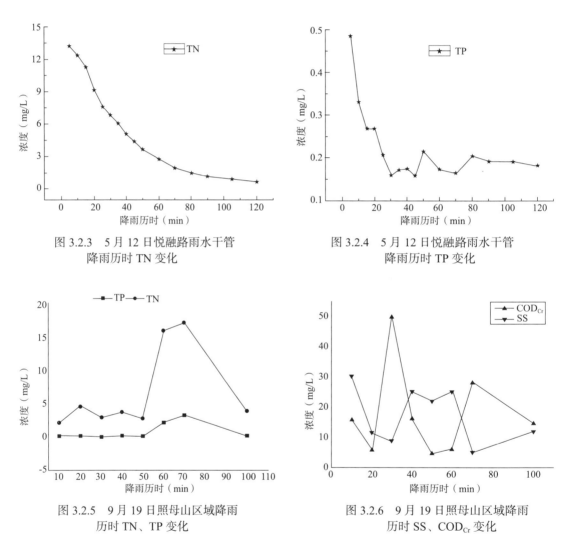

图 3.2.3　5 月 12 日悦融路雨水干管
降雨历时 TN 变化

图 3.2.4　5 月 12 日悦融路雨水干管
降雨历时 TP 变化

图 3.2.5　9 月 19 日照母山区域降雨
历时 TN、TP 变化

图 3.2.6　9 月 19 日照母山区域降雨
历时 SS、COD$_{Cr}$ 变化

3.2.2　屋面径流雨水历时变化

屋面径流雨水采集时间为 10 月 8 日，采样点为重庆市科学技术研究院院内群楼顶，屋面材质水泥屋顶，采样点见图 3.2.7，10 月 8 日前有零星小雨，但几乎未形成径流，采样监测了 COD、TN、TP、SS 及浊度等指标历时变化如图 3.2.8 ~ 图 3.2.10，结果表明，

COD$_{Cr}$ 在降雨初始含量上升，后呈下降至平衡波动规律，约 40min 时达到最高约 85mg/L，可能原因是降雨初期雨量较小，形成径流小，刚开始的径流主要为雨水，在雨水浸润屋顶附着土层后有机物溶出，形成峰值，而后急速降低，稳定后的后期径流 COD$_{Cr}$ 约 20～30mg/L。SS 则主要随降雨进行呈现下降趋势，因为屋面径流雨水中的 SS 主要来自于空气中的尘埃、漂浮物等的沉积，随径流流动性强。

图 3.2.7　屋面雨水采样点

图 3.2.9 中 TN 在径流初期含量较高，随后降低到一定范围内波动，而 TP 则处于较低水平波动；浊度和色度表现出类似变化规律，降雨 60min 时有突然增加趋势，后逐渐降低到一定范围波动。

色度和浊度则表现出较为同步的变化规律，且随降雨历时的进行，均呈总体降低趋势，即随降雨时间的延长，径流雨水中色度和浊度逐渐降低。最高出现在降雨后 60min 左右。对比两个取样地点降雨历时变化规律，发现有较大的不同，这可能与径流雨水的汇流面积有关。不少研究者报道，小范围、单一下垫面的径流水质变化小，规律性强，而大范围、下垫面类型多样的雨水径流水质变化大且无规律。

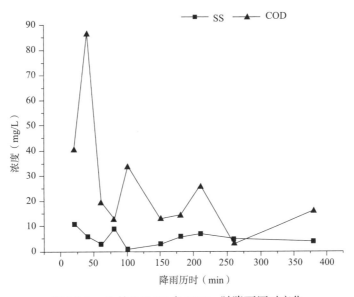

图 3.2.8　10 月 8 日 SS 和 COD$_{Cr}$ 随降雨历时变化

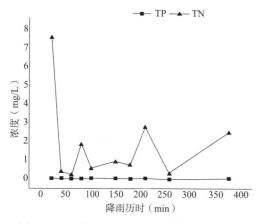

图 3.2.9　10 月 8 日 TN 和 TP 随降雨历时变化

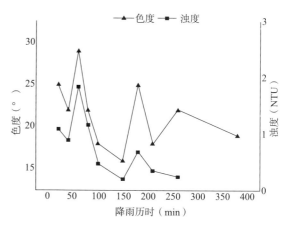

图 3.2.10　10 月 8 日浊度和色度随降雨历时变化

3.2.3　连续降雨径流水质变化

　　1956 年 Wilkinson 在研究屋面雨水污染时发现雨水径流存在污染物冲刷规律，所谓径流污染物冲刷规律是指降雨对汇水面上污染物的淋洗、冲刷和输送，致使径流中的污染物浓度随降雨历时而变化的一种规律。车伍等人对北京城区的天然雨水、屋面、路面的降雨径流主要污染物浓度随降雨历时变化的大量检测数据进行统计分析，得出了指数形式的雨水径流源头污染物冲刷模型，即随降雨的进行，污染物呈指数下降趋势，后稳定在一定范围。

　　本试验中，于 10 月 8 日降雨形成径流冲刷以后，9 日降雨停止，后 10 日至 12 日连续三天小雨，在四天降雨中，于每日下午 5 时左右同一屋面采样，采样屋面雨水下落管见图 3.2.7，分析了 TN、TP、COD_{Cr}、SS 历时 4 天的降雨中变化情况。图 3.2.11 ～ 3.2.14 显示，TN 和 COD_{Cr} 在波动中逐渐小幅增加趋势，COD_{Cr} 甚至高于 8 日当日初次降雨径流后期数值，TN 则与 8 日后期径流相近。这可能是 8 日径流 COD 贡献主要来源于表面的尘埃及吸附在屋面沉泥上的有机物，这部分有机物随降雨的冲刷随径流而出，而后几天的连续降雨，将屋面上的沉泥浸透，沉泥较深层的有机物逐渐溶出。TP 和 SS 则在降雨当天 8 日含量最高，后几天稳定在一定范围波动。

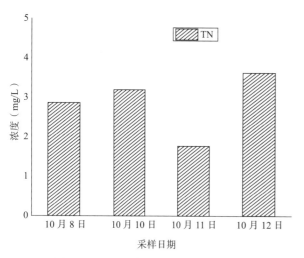

图 3.2.11　连续降雨屋面雨水 TN 变化

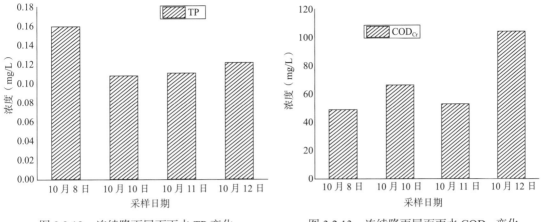

图 3.2.12　连续降雨屋面雨水 TP 变化　　　图 3.2.13　连续降雨屋面雨水 COD_{Cr} 变化

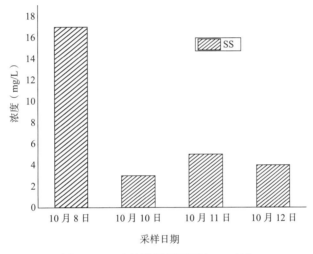

图 3.2.14　连续降雨屋面雨水 SS 变化

3.2.4　下垫面类型对径流雨水影响

　　城市不同下垫面产生的径流水质特性不同，主要包括屋面径流、道路径流及绿地径流。但由于绿地土壤具有较强的渗透能力，所以降雨较小时一般不产生径流；即使在降雨强度较大时，由于绿地土壤及草坪植被对径流污染物的截留、过滤、吸附作用，使得绿地径流水质优于屋面、道路径流水质。所以国内外对屋面及道路径流水质的研究较多。发达国家对道路和屋面径流水质研究较早，对道路径流水质研究取得的主要成果包括以下各方面：污染物的主要成分、含量、相关性及其影响因素，污染物的来源及其迁移过程，道路径流污染物对受纳水体水质的影响，城市道路径流污染控制措施。对屋面径流水质的研究主要集中在屋面径流初期冲刷效应、不同屋面材料和不同功能区屋面径流水质特征、水质影响因素等。

图 3.2.15　采样对比的不同材质屋顶

我国对道路和屋面径流水质的研究起步较晚，但近年来已陆续开展了许多相关研究。对道路径流水质的研究主要从径流污染物含量、来源，水质变化规律，水质指标相关性及影响因素各方面开展，现已取得大量成果。屋面径流污染物主要来源有：降雨对大气污染物的淋洗、降雨径流对屋面沉积物的冲刷、屋面材料自身析出等。因此，屋面径流水质主要影响因素包括大气环境、降雨条件和屋顶材料。本次试验比较两种材质屋顶的位置相邻、大气环境和降雨条件基本相同，不同是屋顶材料，研究了两种截然不同的典型屋顶材料，一是屋面较光滑的彩钢瓦屋顶，一是普通的水泥屋顶，如图 3.2.15。

采样时间为 10 月 8 日，降雨开始约 30 分钟左右两个点同时采样，同时采集同一地点自然雨水（即雨水未降落到任何地面）对比分析，地点为重科院院内，检测项目为 SS、COD_{Cr}、TN、TP 和浊度，其对比见图 3.2.16 ~ 3.2.18，结果表明，不同材质屋顶和自然雨水之间有较大差异，彩钢瓦屋顶雨水径流与自然雨水在浊度、TN、TP 差别不大，而在 SS 和 COD 之间有较大差异，这可能主要与屋顶的材质彩钢瓦的特点有关，因为彩钢瓦表明光滑且处于空中，污染来源主要来自于空气中灰尘，灰尘在光滑的表面附着力小，随降雨初期径流而被冲刷，本次取样在降雨开始 30min 左右，刚形成径流阶段，所以 SS 和 COD 较高。水泥屋顶的 TN、TP 和 COD 较彩钢瓦屋顶和自然雨水高，而 SS 和浊度则持平甚至更低，这也应该同水泥屋顶的特点相关。

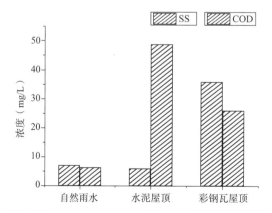

图 3.2.16　不同材质屋顶径流与自然雨水 SS、COD_{Cr} 比较

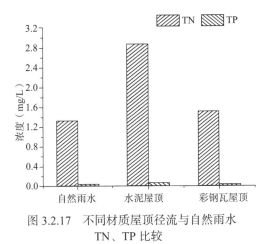

图 3.2.17 不同材质屋顶径流与自然雨水
TN、TP 比较

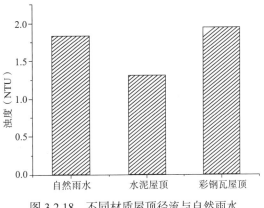

图 3.2.18 不同材质屋顶径流与自然雨水
浊度比较

3.2.5 不同区域径流雨水水质比较

本课题研究了不同区域、不同下垫面类型径流雨水水质情况，主要分为城市主干道沥青道路路面、雨水干管、EBD 商业区屋面及住宅区径流雨水。监测了径流雨水的 pH 值、SS、COD、TN、TP 指标，各类型径流雨水水质情况分析总结如下。

城市主干道径流雨水水质：采样地点选择国博中心附近，见图 3.2.19。在近一年的降雨跟踪监测中，各项指标范围如下：pH 值 5.85～7.12，初期径流雨水中的 SS、COD、TN、TP 浓度可分别达到 602～2944mg/L、43.58～103.9mg/L、4.59～29.44mg/L、0.130～0.227mg/L，其中，COD、TN、TP 的初始浓度分别是《地表水环境质量标准》V 类标准值的 1.09～2.60 倍、2.30～14.72 倍和 0.33～0.57 倍，前期干旱期越长，降雨径流初始污染物浓度越高。径流产生 20min 后，SS、COD、TN、TP 浓度可分别下降到 118～1123mg/L、54～140.26mg/L、2.84～14.18mg/L、0.116～0.163mg/L。在降雨结束的末期径流中，SS、COD、TN、TP 浓度分别为 68～370mg/L、34～97.91mg/L、2.09～6.82mg/L、0.06～0.109mg/L，其中 pH 值均在现有雨水利用规范规定范围内，而末期径流 TP 达到城市污水再生用水规定，其他指标具有较大的波动范围，需进一步净化后利用。

住宅区径流雨水水质（低密度住宅区）：采样点为鸳鸯橡树澜湾别墅区，见图 3.2.20。监测径流雨水水质情况为：pH 值 6.10～8.17，初期径流中的 SS、COD、TN、TP 浓度可分别达到 112～366mg/L、66.5～116.5mg/L、4.23～8.32mg/L、0.11～0.28mg/L，径流 20min 后，SS、COD、TN、TP 浓度可分别下降到 16～106mg/L、24～81.5mg/L、0.68～3.97mg/L、0.05～0.14mg/L。在降雨结束的末期径流中，SS、COD、TN、TP 浓度分别为 17～66mg/L、19～46.5mg/L、0.53～3.54mg/L、0.03～0.11mg/L，其中同样是pH 值均符合现有雨水利用规范范围，末期径流部分 SS、COD、TN 超出《建筑与小区雨水利用工程技术规范》GB504000-2006 规定雨水利用 COD_{Cr} 和 SS 限值和景观用水标准，

TP 则达到污水再生利用标准。因此该类型下垫面径流雨水需处理后利用。

　　高密度住宅区：采样点为鸳鸯湖津路，采样点见图 3.2.21。降雨径流水质情况：pH 值 6.98～9.54，初期径流中的 SS、COD、TN、TP 浓度分别 193～884mg/L、84～400mg/L、4～8mg/L、0.2～1.7mg/L，径流产生 20min 后，SS、COD、TN、TP 浓度可分别下降到 96～133mg/L、36～330mg/L、2～4mg/L、0.08～0.3mg/L。在降雨结束的末期径流中，SS、COD、TN、TP 浓度分别为 39～96mg/L、30～300mg/L、1～4.5mg/L、0.05～0.3mg/L。可见，此类型径流雨水 pH 值部分超标，后期径流中除 TP 指标达到污水再生利用标准外其余指标均有部分超标。

图 3.2.19　城市主干道采样点

图 3.2.20　低密度住宅区采样点

图 3.2.21　高密度住宅区

EBD商业区屋面径流雨水水质：采样地点为重庆市科学技术研究院楼顶，见图3.2.22。初期径流中的SS、COD、TN、TP浓度分别20～50mg/L、40～90mg/L、3.3～8.2mg/L、0.02～0.35mg/L，后期径流雨水中SS、COD、TN、TP浓度可分别下降到10～20mg/L、5～35mg/L、0.2～2mg/L、0.02～0.1mg/L。从类型径流雨水除初期径流SS、COD超标外，TN、TP在整个检测期间均未超过城市污水再生利用标准，而后期径流雨水中除COD少部分时间超标外，SS、TN、TP均符合现有规范标准。因此，此类型径流雨水具有低处理成本后回用的可能。

图3.2.22　EBD商业区屋面径流雨水采样点

3.3　雨水管渠优选

山地城市地形复杂，城市道路坡度变化较大，排水管道的设置受地形等因素的制约。我国现行《室外排水设计规范》中规定，室外排水管道最大设计流速的取值，金属管道为10m/s，非金属管道为5m/s。由于山城重庆的特殊地貌，为了满足规范要求，设计中往往考虑增加管道的埋深和设置跌水井来满足非金属管道的设计流速，来达到规范规定，这样就增加了工程造价。同时重庆地区特殊的山地环境，使得某些管渠的埋设坡度达到10%以上，甚至20%，当然也使得水流最大流速与规范有一定出入。但实践证明，计算流速超过5m/s的情况下，部分钢筋混凝土管和硬聚氯乙烯管等非金属管道仍然可以长期正常工作。

目前，排水管网采用较多的非金属管道主要是HDPE（High Density Polyetyhylene，高密度聚乙烯）双壁波纹管、FRPP（Fiber Reinforced Polypropylene 纤维）增强聚丙烯、模压排水管、玻璃钢夹砂管等新型管材。由于这些管材采用新型材料制造，有较好的耐腐蚀性、抗冲击和抗拉强度较强，耐冲刷性能好。有研究发现，采用管道内衬高密度聚乙烯管技术，用含 7% 和 14% 石英砂的水（流速 7m/s）对 HDPE 管及钢管进行试验对比。结果表明，HDPE 管的耐磨性为钢管的 4 倍，表明非金属材料抗磨损性能并不一定劣于金属材料，完全可以打破传统非金属管道流速最大为 5m/s 的限制。根据《室外排水设计规范》GB 50014 规定：非金属管道最大设计流速经过试验验证可适当提高。非金属管道排水系统最大流速对山区城市建设排水管道设计十分重要，合理提高非金属管道的设计流速能降低排水管网建设投资。

3.3.1　试验设计

旋转磨损实验：将含有石英砂的水（石英砂浓度为 1000mg/L）分别装入 HDPE 管、双壁波纹管、玻璃钢夹砂管以及钢筋混凝土管，通过电动机带动管道旋转来模拟排水管道日常运转的水流状态，测试管道不同旋转次数后的管壁厚度变化，以管壁厚度变化计算管道磨损度。

通过电机带动管材旋转，模拟管内水流状态，比较不同材质管道在日常运行状态下的耐磨损情况，见图 3.3.1。

冲刷磨损实验：通过潜污泵抽动含泥沙污水在管道内循环流动，模拟管道日常排水状态评价不同流速下 HDPE 管道的冲刷磨损情况，模拟雨水配置同旋转磨损试验一致，见图 3.3.2。

 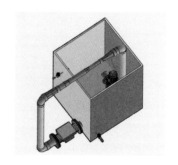

图 3.3.1　旋转磨损试验装置　　　图 3.3.2　冲刷磨损示意图

3.3.2　几种管材耐磨性能对比

图 3.3.3 为金属管同四种非金属管磨损情况对比，可见，随着旋转次数增加，五种管材的磨损值随旋转次数均呈类似增加趋势。在实验条件基本相当的情况下，100 万转以内，五种管材磨损量由小到大分别是钢管、玻璃钢夹管、双壁波纹管、HDPE 压力管、钢筋混凝土管。可推断其耐磨性能依次为：钢管 > 玻璃钢夹管 > 双壁波纹管 >HDPE 管 > 钢筋混

凝土管，同时可以看到 HDPE 压力管和双壁波纹管的磨损量很接近，其耐磨性相差不大，玻璃钢夹砂管和钢管的耐磨性能也非常接近。表 3.3.1 表明在 40 万次、60 万次、80 万次、100 万次时钢管的磨损量均最小，次之是玻璃钢夹砂管，再次之为双壁波纹管为 0.147mm，说明了非金属管道的抗冲刷能力较强。

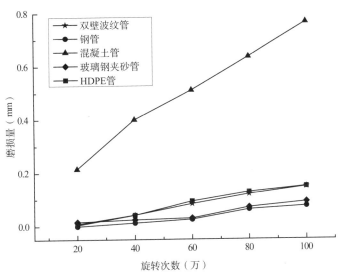

图 3.3.3　几种材质管道旋转磨损情况

不同磨损转次后管道的磨损均值（mm）　　　　　　　　　　表 3.3.1

项目	40 万次	60 万次	80 万次	100 万次
钢管	0.012	0.024	0.061	0.061
夹砂管	0.012	0.024	0.069	0.090
HDPE 管	0.041	0.092	0.127	0.148
双壁波纹管	0.042	0.083	0.119	0.147
混凝土管	0.400	0.510	0.635	0.765

　　为了研究非金属管道与金属管道（钢管）的耐磨损等量强度，分别以不同旋转次数后的钢管平均磨损值作为基数 1，再用其他管材对应的磨损值对其进行比较，见表 3.3.2。由于钢筋混凝土管内表面的粗糙度最大，特别是前 20 万次旋转磨损后，其磨损比值是钢管的 33 倍，随着旋转次数的增加钢筋混凝土管与钢管磨损比值逐步下降保持在 10～13 倍，其主要原因是由于钢管刚开始旋转磨损时，其内表面粗糙，随着表面逐渐的光滑，随粗糙系数减小，磨损作用力减弱，耐磨损能力逐渐提高，并保持一定数值。夹砂管磨损比

与钢管最为接近，表明其耐磨性和钢管比较接近，而 HDPE 压力管和双壁波纹管也很接近，说明两者的耐磨性也比较接近。

不同管材与钢管旋转磨损比值对比表　　　　　　表 3.3.2

项目	40 万次	60 万次	80 万次	100 万次
钢管	1	1	1	1
夹砂管	1	1	1.1	1.5
HDPE 管	3.4	3.8	2.1	2.4
双壁波纹管	3.5	3.5	2.0	2.4
混凝土管	33.3	21.3	10.4	12.5

另一方面，为了考察管道在各个运行阶段，耐磨性能的变化即磨损量的阶段变化情况，以初始阶段 40 万转时的磨损量作为基准，以不同管材旋转磨损变化率计算，结果见表 3.3.3。磨损变化率是指每一阶段的磨损值减去上一阶段磨损值的差值再与初始阶段磨损值的比值，反映各种管材管道在试验的每个阶段磨损程度的大小，从表中可以看到，钢管磨损变化率在 80 万转时比前 40 万转和 60 万转的磨损都大，可能原因与钢管的锈蚀层有关，说明锈蚀层需要磨损 80 万转左右才能磨损掉，磨损后的钢管内部光滑光亮，已经没有锈蚀层。玻璃钢夹砂管表现出于钢管类似趋势，在 80 万转时磨损率最大，而后逐渐减小，可能是玻璃钢夹砂管初始内壁很光滑，砂石与内壁作用力小，随磨损的增加，内壁逐渐粗糙，至磨损增加。HDPE 压力管和双壁波纹管则表现出类似趋势，随磨损转次增加，磨损率逐渐降低。水泥管则表现出去其他管道不同的磨损规律，水泥管在旋转前 40 万转的磨损量远高于后面阶段的磨损，这也与水泥管的特点有关，水泥管内壁有一层较松散的灰层，在磨损的初始，灰层很容易磨掉，而后水泥更加密实，磨损率则逐渐降低。总体来看，几种塑胶材料的磨损率最大均在 60 万转或者 80 万转，而后磨损变化率有减小趋势。因本次测量时，均更换石英砂，不会因为石英砂被磨圆这方面的因素而减小摩擦力，只有管道的特性发生了变化，可以推断管道的粗糙系数随着旋转次数的增加而有所降低，从管道磨损前后内壁的图片可以得到印证，即磨损后的管道内壁更为光滑。

不同管材旋转磨损变化率表　　　　　　表 3.3.3

管材	40 万转磨损变化率（%）	60 万转磨损变化率（%）	80 万转磨损变化率（%）	100 万转磨损变化率（%）
钢管	100%	100%	308%	0
夹砂管	100%	100%	375%	175%

续表

管材	40 万转磨损变化率（%）	60 万转磨损变化率（%）	80 万转磨损变化率（%）	100 万转磨损变化率（%）
HDPE 管	100%	124%	85%	51%
双壁波纹管	100%	98%	86%	67%
混凝土管	100%	28%	31%	33%

注：40 万次的平均磨损变化率是初始磨损值为 0 作为计算基数，因此其变化率为 100%。

3.3.3　HDPE 压力管最大流速确定

从旋转磨损试验看出，HDPE 压力管耐磨性比玻璃钢夹砂管和双壁波纹管稍弱，以最不耐磨的 HDPE 压力管，将其最大流速设定 9m/s 进行冲刷试验。

1. 不同流速冲刷磨损

将含有石英砂的水（石英砂浓度为 1000mg/L）利用潜污泵抽动冲刷管壁，在相同流量下，利用不同管径获得不同管内流速，即 DN50、DN63、DN75 管路在 9.0m/s、6.4m/s、4.5m/s 条件下，模拟自然情况下排水管道水流对管壁的冲刷磨损，其结果见图 3.3.4。

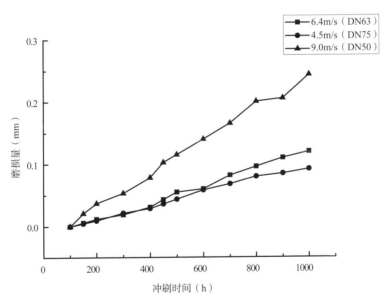

图 3.3.4　不同流速冲刷磨损情况

随着冲刷时间的增长，三种流速冲刷磨损值呈类似增长趋势。冲刷 1000 h 时，9.0m/s 流速条件下磨损量约 0.24mm，在不同管径流速下，其磨损值由大到小为：DN50>DN63>DN75。从三种不同管径管道的磨损值与冲刷时间的关系，可以推断磨损值的大小与管道冲刷时间成正比。将冲刷时间 500 ~ 1000h 数据进行线性拟合,以冲刷时间为横坐标,冲刷磨损量为纵坐标,得到不同流速冲刷时间与冲刷磨损量的关系曲线,如图3.3.5,可见其呈现较强线性相关。

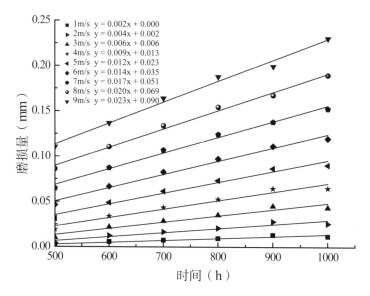

图 3.3.5　冲刷磨损量与时间关系曲线

2. 不同流速对应磨损量内插计算

假设冲刷磨损量与冲刷时间的关系方程为 $Y=AX+B$,得到 1 ~ 9m/s 不同流速下冲刷磨损量和冲刷时间方程的 A、B 值,如表 3.3.4 所示。

HDPE 压力管道冲刷磨损量与冲刷时间关系表			表 3.3.4
项目	A	B	R^2
1m/s	0.0000120	-0.00184	0.913
2m/s	0.0000264	-0.00352	0.929
3m/s	0.0000448	-0.00495	0.954
4m/s	0.0000675	-0.00616	0.972
5m/s	0.0000942	-0.00712	0.983
6m/s	0.0001251	-0.00785	0.990
7m/s	0.0001601	-0.00835	0.994
8m/s	0.0001992	-0.00861	0.995
9m/s	0.0001381	0.00000	1.000

　　根据重庆市降雨资料统计，利用 Inforworks ICM 软件计算得到重庆地区设计流速为 9m/s 时，雨水在管道内 1～9m/s 不同流速的时间分布，如表 3.3.5 所示。

重庆地区不同流速时间分布情况表　　　　　　　　　　表 3.3.5

流速	时间（min）	冲刷时间（h）	50 年时间
$8 \leqslant v < 9$	150	2.500	12.500
$7 \leqslant v < 8$	850	14.167	70.833
$6 \leqslant v < 7$	1425	23.750	118.750
$5 \leqslant v < 6$	2935	48.917	244.583
$4 \leqslant v < 5$	6230	103.833	519.167
$3 \leqslant v < 4$	17305	288.417	1442.083
$2 \leqslant v < 3$	40805	680.083	3400.417
$1 \leqslant v < 2$	101705	1695.083	8475.417
$0 < v < 1$	4117235	68620.583	343102.917
$v=0$	967770	16129.500	80647.500

　　将不同流速 50 年的持续时间代入到拟合得到的冲刷磨损量与冲刷时间的方程中，得到 HDPE 压力管 50 年时间里的冲刷磨损量，计算结果见表 3.3.6。

HDPE 压力管道 50 年冲刷磨损值统计表　　　　　　　　表 3.3.6

流速	时间（min）	10 年降雨（h）	50 年降雨（h）	计算方程	磨损量
$8 \leqslant v < 9$	150	2.500	12.500	$y = 0.00013810\,x$ $R^2 = 1.00000000$	0.00173
$7 \leqslant v < 8$	850	14.167	70.833	$y=0.0001992x-0.0086100$ $R^2 = 0.99580781$	0.00550
$6 \leqslant v < 7$	1425	23.750	118.750	$y=0.0001601x-0.0083495$ $R^2 = 0.99423666$	0.01066
$5 \leqslant v < 6$	2935	48.917	244.583	$y=0.0001251x-0.0078536$ $R^2 = 0.99064928$	0.02275
$4 \leqslant v < 5$	6230	103.833	519.167	$y=0.0000942x-0.0071222$ $R^2 = 0.98396620$	0.04180

流速	时间（min）	10 年降雨（h）	50 年降雨(h)	计算方程	磨损量
$3 \leqslant v < 4$	17305	288.417	1442.083	$y=0.0000675x-0.0061554$ $R^2 = 0.97262119$	0.04584
$2 \leqslant v < 3$	40805	680.083	3400.417	$y=0.0000448x-0.0049531$ $R^2 = 0.95469136$	0.14765
$1 \leqslant v < 2$	101705	1695.083	8475.417	$Y=0.0000264x-0.0035154$ $R^2 = 0.92976879$	0.22023
$0 < v < 1$	4117235	68620.583	343102.917	$Y=0.0000120x-0.0018422$ $R^2 = 0.91345868$	4.13020
$v=0$	967770	16129.500	80647.500		0
合计					4.62635

计算结果表明，最大设计流速为 9m/s 条件下，冲刷 50 年，HDPE 压力管道的冲刷磨损量为 4.62mm，磨损率为 50.21%。在未考虑其他影响因素的实验室条件下，几种塑胶管道中最不耐磨损的 HDPE 压力管冲刷磨损 50 年后，其磨损量约占管道壁厚的 1/2，并未对管道造成结构破坏。值得一提的是，通常所说的塑料管材 50 年使用寿命是在 20℃、50 年、破坏率 2.5% 等 3 个条件下应予控制的环应力上限。输送介质温度的变化对管道的性能产生较大的影响，应考虑管材的低温脆性和高温蠕变。

本冲刷试验时间约一年左右，试验时间较短，管道的实际使用应考虑管道的长期效应，即管道使用中除了磨损以外，还有腐蚀、老化等问题，虽然塑胶管道具有良好的抗腐蚀性能，但老化问题不可忽视，因此为安全起见，建议新型塑胶管道的最大设计流速 8 m/s 为宜。

3.4 跌水井消能

跌水井作为排水系统中的特殊构筑物之一，具有重要的作用，特别是在山地城市，因地形变化巨大，跌水井作为常用的衔接上下游管道构筑物，其能够消能稳流，避免下游管道被过度冲刷等作用而在山地城市排水系统中占据重要作用。当排水管径及坡度较大时，跌水井将会承受巨大的冲击能量，下游连接管道亦受到重要影响，因此，跌水井的消能作用，是山地城市设计中需要重点考虑事项。

3.4.1　理论基础

主要研究跌水井底部压力与来水流速关系及大管径（600mm、1000mm）不同跌水高度及流速下，落水对井底冲刷情况，针对不同的跌水高度提出合适的消能水垫层。

相似理论是模型试验的重要理论基础，它要求模型设计必须符合一定的相似准则。跌水井中的水流具有自由表面，其水流运动受重力的作用，因此采用弗劳德相似准则进行设计。本试验跌水井中水流状态属重力作用下的局部紊流（忽略黏滞力作用）。根据重力相似准则，原型和模型的弗劳德数应相等，即：

$$F_r = \frac{v_p^2}{gl_p} = \frac{v_p^2}{gl_m}$$

式中：F_r——弗劳德数；

　v_p，v_p——原型和模型的特征流速，即流速，m/s；

　l_p，l_m——原型和模型的特征长度，

　m；g——重力加速度，m/s²。

根据正态模型理论：

$$U_r = L_r^{\frac{1}{2}};\ Q_r = L_r^{\frac{5}{2}};\ P_r = L_r;\ n_r = L_r^{\frac{1}{6}}$$

其中，L_r、U_r、Q_r、P_r 和 n_r 分别为长度比尺、流速比尺、流量比尺、压力比尺和粗糙系数比尺。

一般来说，模型尺寸越大，试验数据可靠性越高，但尺寸越大，占地面积和建造费用也相应增加，综合考虑，应在保证试验结果准确性的前提下尽量减小模型尺寸。由于长度比尺受水流流态等因素的制约，为了保证紊流流态相似，长度比尺 L_r 有一个最大许可值，根据埃斯奈尔最小比尺公式，L_r 应满足：

$$L_r \leqslant (30-50) \times (V_p \times R_p)^{\frac{2}{3}}$$

式中：R_p——跌水井水力半径，m；其他符号同前。

考虑到跌水井在山地城市排水系统中的重要性，采用1∶15的正态模型，得出相应的长度比尺为15，流速比尺为3.87，流量比尺为871.42，压力比尺为15，粗糙度比尺为1.57。

钢筋混凝土管的粗糙系数一般为0.014，根据阻力相似，故试验模型材质的粗糙系数应为0.014/1.57=0.089，故选用有机玻璃作为制作跌水井模型的主体材料，进水、出水管道选用硬聚氯乙烯管（PVC）。跌水井模拟试验装置示意如图3.4.1。

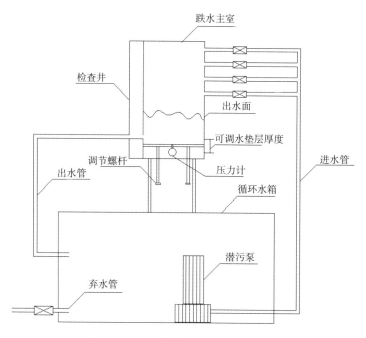

图 3.4.1 跌水井模拟试验装置示意图

3.4.2 跌水井底部压力与来水流速关系

水垫层厚度为 3.33cm，模型跌水高度为 26.66cm 时跌水井底部与来水流速关系如图 3.4.2，表明跌水井底部压力随来水流速的增大而增大，线性拟合其线性相关性 R^2=0.989，呈较明显的呈线性关系。

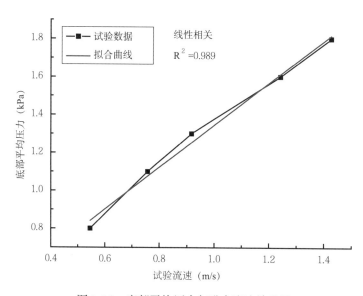

图 3.4.2 底部平均压力与进水流速关系图

3.4.3 大流速下底部压力与跌落高度及水垫层厚度关系

室外给排水设计规范中，非金属最大设计流速为 5m/s，上节提出新型塑胶管道设计流速建议为 8m/s，在本次跌水井试验中，比较了设计流速为 5m/s 和 8m/s 情况下底部压力变化情况。管道实际流速为 5m/s 和 8m/s 对应模型的试验流速分别为 1.291m/s 和 2.067m/s，表 3.4.1 为来水管道流速分别为 5m/s 和 8m/s 时不同跌水高度和水垫层厚度情况下的底部压力变化。结果表明，水垫层厚度一致条件下流速越大，跌落高度越高，井底部所受压力也越大。水垫层厚度增加，底部压力呈不同变化规律，说明不同水垫层厚度有不同消能效果。

流速为 1.29m/s 和 2.06m/s 时不同跌落高度及水垫层厚度对应跌水井底部的压力表　表 3.4.1

压力（kPa） 水垫层厚度（cm）	跌水高度（26.6cm）		跌水高度（40cm）		跌水高度（66.6cm）		跌水高度（100cm）	
	1.29m/s	2.06m/s	1.29m/s	2.06m/s	1.29m/s	2.06m/s	1.29m/s	2.06m/s
0.00	0.97	2.13	1.03	2.19	1.26	2.22	1.43	2.27
3.33	1.33	2.19	1.40	2.31	1.30	2.28	1.28	2.16
5.33	1.24	2.17	1.21	2.13	1.07	1.54	1.32	2.01
6.66	1.13	2.05	1.04	1.90	0.85	1.30	1.20	2.02
8.00	1.66	2.95	1.62	2.70	1.15	1.83	1.25	1.74
10.00	1.55	2.55	1.35	2.01	0.51	0.96	0.77	0.99
12.00	1.30	2.40	1.14	1.96	1.09	1.79	1.24	2.19

3.4.4 底部冲刷压力与水垫层厚度关系

来水在下跌过程中做加速运动，跌进跌水井后从井底反射，再沿井壁回升，在消能井中壅水形成壅水层，来水流速和高度越高壅水层越厚，水流在壅水层做环状运动并发生相互碰撞，达到消除部分能量的目的。井底部压力主要由来水剩余的动能对底部的冲击力和水深压强组成，水深压强部分包括水垫层厚度和壅水层高度，壅水高度与来水流速和跌落高度有关，与水垫层厚度无关，为考察不同水垫层厚度情况下底部的冲刷压力，将实测压力值减去水垫层厚度产生压力即底部冲刷压力与水垫层厚度关系进行分析。

图 3.4.3 为实际流速为 5m/s，模型来水流速为 1.29m/s 时，不同水垫层厚度与底部冲刷压力关系，表明跌水井底部冲刷压力随水垫层厚度的增加呈上升下降的反复状态，这可能与水流在井体内旋转水力半径有关。模型跌水高度为 26.6cm、40.0cm，水垫层厚度在 6.5±0.1cm 时跌水井底部冲刷压力最小，即实际跌水高度为 4m、6m，来水流速 5m/s，管径 DN1125mm 水垫层厚度 0.98m 为佳。模型跌水高度为 66.6cm、100.0cm，水垫层厚

度在 10±0.1cm 时跌水井底部冲刷压力最小，即实际跌水高度为 10m、15m，来水流速 5m/s，管径 DN1125mm 水垫层厚度 1.5m 为佳。图 3.4.4 为实际流速为 8m/s，模型来水流速为 2.06m/s 时，不同水垫层厚度与底部冲刷压力关系，表明实际跌水高度为 4m、6m 和 10m、15m 时，水垫层厚度 0.98m 和 1.5m 左右为佳。

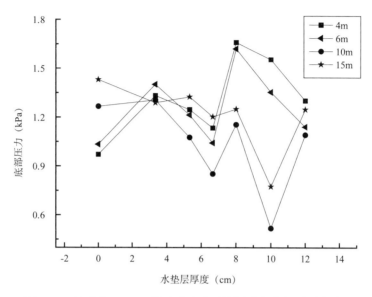

图 3.4.3　流速为 1.29m/s 跌水井底部冲刷压力与水垫层厚度关系

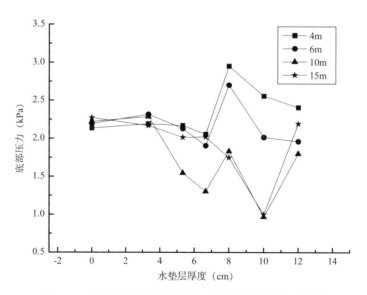

图 3.4.4　跌水井底部压力大小与水垫层厚度的关系曲线

第4章
山地海绵城市建设推进与管理

山地海绵城市建设是一个多部门、多层次合作的系统工程，需要从政策制度、组织管理、融资机制、管理制度和技术保障四个方面，建立一整套完整的管理体系。国家、地方两级政策稳步推进海绵城市建设，组织管理保障统筹规划、建设、市政、道路等部门协调联动，融资机制保障确保海绵城市建设项目予以实施，管理制度保障为海绵城市管理提供法律法规依据，技术保障为海绵城市建设提供理论技术支撑。

4.1 海绵城市建设推进步骤

4.1.1 国家大力扶持海绵城市建设

我国提出海绵城市理念以来，住建部、水利部等国家相关部委陆续出台《海绵城市建设技术指南———低影响开发雨水系统构建》、《海绵城市建设绩效评价与考核办法》等一系列技术和政策文件，明确海绵城市建设方向，提出相应的建设目标、指标和考核方法，指导各地开展海绵城市建设。

2014年2月，《关于印发住房和城乡建设部城市建设司2014工作要点的通知》（建城综函〔2014〕23号）提出建设海绵型城市的新概念，计划编制《全国城市排水防涝设施建设规划》。并督促各地加快雨污分流改造，大力推行低影响开发建设模式。加快研究建设海绵型城市的政策措施。

2014年11月，《住房和城乡建设部关于印发海绵城市建设技术指南—低影响开发雨水系统构建（试行）的通知》（建城函〔2014〕275号），明确了海绵城市的概念、建设路径和基本原则，明确了城市规划、工程设计、建设、维护及管理过程中低影响开发雨水系统构建的内容、要求和方法。

2014年12月底至2015年初，国家三部委（财政部、住房和城乡建设部、水利部）联合发文《关于开展中央财政支持海绵城市建设试点工作的通知》（财建〔2014〕838号）、《关于组织申报2015年海绵城市建设试点城市的通知》（财办建〔2015〕4号）、《2015年海绵城市建设试点名单公示》利用中央财政资金开展海绵城市建设的顶层政策设计，包括资金资助办法、试点申报流程和实施方案等。根据申报，确定了16个海绵城市试点，重庆市两江新区悦来新城成功入围。

2015年7月，《住房和城乡建设部办公厅关于印发海绵城市建设绩效评价与考核办法（试行）的通知》（建办城函〔2015〕635号）从水生态、水环境、水资源、水安全、制度建设及执行情况、显示度六个方面建立了海绵城市建设评价机制。

2015年10月，《国务院办公厅关于推进海绵城市建设的指导意见》（国办发〔2015〕

75号）提出海绵城市建设总体要求，到2020年，城市建成区20%以上的面积要达到海绵城市目标要求，到2030年，城市建成区80%以上的面积要达到目标要求。

2015年12月，《住房城乡建设部中国农业发展银行关于推进政策性金融支持海绵城市建设的通知》（建城〔2015〕240号）、《住房城乡建设部国家开发银行关于推进开发性金融支持海绵城市建设的通知》（建城〔2015〕208号）指出，对符合条件的海绵城市建设项目提供专项建设基金，给予贷款规模倾斜，优先提供中长期信贷支持。

2016年3月，《住房和城乡建设部关于印发海绵城市专项规划编制暂行规定的通知》（建规〔2016〕50号）要求抓紧编制海绵城市专项规划，2016年10月底前完成各市城市海绵城市专项规划草案，按程序报批。

4.1.2　重庆积极推进山地海绵城市建设

重庆市贯彻落实国家方针政策，高度重视海绵城市建设，由市城乡建委牵头组织规划、财政、水利等各单位联合开展重庆市海绵城市建设顶层设计研究，形成重庆市海绵城市建设政策系列文件，包括《重庆市人民政府办公厅关于成立海绵城市建设试点工作领导小组的通知》（渝府办发〔2015〕31号）、重庆市人民政府办公厅关于加快推进两江新区悦来新城海绵城市建设试点工作的实施意见》（渝府办发〔2015〕129号）、重庆市城乡建设委员会、财政局、水利局《关于申报市级海绵城市建设试点城市的通知》（渝建〔2015〕361号）、《重庆市人民政府办公厅关于推进海绵城市建设的实施意见》（渝府办发〔2016〕37号）和重庆市城乡建设委员会、重庆市规划局《关于开展海绵城市建设基本资料调查及规划编制工作的通知》，有序指导和推进重庆海绵城市建设。

1. 国家级海绵城市试点——两江新区悦来新城

2015年4月，国家首批海绵城市试点公布，重庆市两江新区悦来新城成功入围，成为全国16个海绵城市试点之一。

重庆市两江新区是全国第三个国家级综合配套改革试验区，悦来新城位于两江新区西部片区的中心位置，毗邻国内最大"云计算"数据基地。悦来新城海绵城市建设范围18.67km²，规划人口20万人，由悦来生态城、悦来会展城、悦来智慧城三部分组成，其南部的悦来生态城是国家八大生态城之一。建设时间为2015~2017年，建设主要内容包括城市道路、公园广场、居住小区、公共建筑项目、环境综合整治、监测评估工程等70多个项目。计划项目海绵投资约42.2亿元，其中中央财政补助资金12亿元，地方财政资金4.2亿元，社会资本投入26亿元。

悦来新城海绵城市试点三年建设项目包括公园广场项目、城市道路、公共建筑项目、污水处理厂及二级管网、居住小区项目、调蓄设施及泄洪通道、监测评估工程等共计76个项目。三年海绵建设总投资为42亿元，2015年投资8亿元，2016年投资18亿元，

2017年投资16亿元。按流域打包原则拟定近远期建设计划，悦来新城共分为滨江流域、张家溪流域、后河流域三个流域分区，由于道路项目常常跨流域，故将道路项目单独列出。滨江流域分为4个小流域，包括会展公园二期、国博中心海绵城市改造、棕榈泉、海绵生态展示中心等14个项目，3年总投资约20亿。张家溪流域分为2个小流域，包括生态城中心广场、嘉悦江庭、威漫公园等11个项目，3年总投资约9亿。后河流域分为2个小流域，主要项目为后河（悦来段）生态环境综合整治工程，3年总投资约6亿。道路项目共42项，3年总投资约7亿。

在政策制度科研方面，悦来新城海绵城市试点制定发布了《悦来新城低影响开发管理办法》等7项政策；编制完成了《悦来新城海绵城市建设总体规划》等7项规划；开展了《重庆市悦来新城海绵城市透水体系研究及地灾研究》等10项应用技术研究；编制了《重庆市低影响开发设施运行维护技术规程》等6项技术标准图集，见表4.1.1。

悦来新城海绵城市试点政策科研表

表 4.1.1

序号	类别	名称
1	政策制度	重庆市悦来新城低影响开发管理办法
2		重庆市悦来新城海绵城市建设资金管理办法
3		重庆市悦来新城海绵城市试点建设绩效考核管理办法
4		重庆市悦来新城河湖水系保护与管理实施意见
5		重庆市悦来新城防洪和城市排水防涝应急管理办法
6		悦来海绵城市试点建设社会投资项目资金补助办法
7		重庆市两江新区城市区域雨水排放管理办法
8	规划	悦来新城海绵城市总体规划
9		悦来新城雨水资源利用专项规划
10		悦来新城海绵城市道路低影响开发规划
11		张家溪流域防洪专项规划
12		后河流域防洪专项规划
13		悦来新城绿地系统规划
14		悦来新城控制性详细规划修编
15	课题研究	重庆市悦来新城海绵城市透水体系研究及地灾研究
16		重庆市悦来新城典型下垫面初期雨水水质研究

序号	类别	名称
17	课题研究	山地城市非金属管道排水系统最大设计流速研究
18		重庆市悦来新城雨水收集利用技术研究
19		重庆市悦来新城海绵城市控制指标研究
20		重庆市暴雨强度公式修订及典型暴雨雨型研究
21		重庆市悦来新城海绵城市建设会展城热岛效应监测分析研究
22		建设海绵城市的新型生态铺装材料和结构研发与工程示范
23		重庆悦来新城海绵城市建设植物筛选应用及净化效果研究
24		海绵城市建设对三峡库区城市面源负荷削减的评估研究
25	标准图集	重庆市低影响开发设施运行维护技术规程
26		重庆市低影响开发设施标准图集
27		重庆市城市雨水利用技术规程
28		重庆市海绵城市规划设计导则
29		重庆市绿地海绵城市设计技术规程
30		重庆市低影响开发设施建设施工及验收技术规程

2. 市级海绵城市试点——万州区、璧山区、秀山县

2015 年 11 月，重庆市城乡建设委员会、财政局、水利局启动市级海绵城市建设试点工作，首批市级试点城市名额为 3 个，按照重庆市城市发展新区、渝东北生态涵养发展区、渝东南生态保护发展区每个区择优选择一个试点城市。经过各区县申报及专家评审，最终确定璧山区、万州区、秀山土家族苗族自治县为重庆市海绵城建设市级试点。

璧山区的海绵城市试点范围为绿岛新区，试点区域总面积 8.35km²，服务人口 8 万人。示范区内共建设项目 69 个，海绵城市建设投资总计 14.72 亿元。万州区的海绵城市试点高铁片区是渝万城际铁路万州站的所在区域，同时也是成渝城镇群及三峡库区的重要交通枢纽，试点区域总面积 8.49km²，规划人口 10.2 万人。示范区域内工程项目共 84 个，海绵城市建设投资共计 14.31 亿元。秀山区的海绵城市试点区域位于秀山县城，试点区总面积 6.25km²，规划居住人口 6 万人，建设用地面积为 5.75km²，水域面积 0.45km²，合称南部新城。示范区域内工程项目共 63 个，海绵城市建设投资共计 11.19 亿元。

4.2 山地海绵城市建设保障措施（组织、资金、技术保障）

海绵城市建设需要强有力的保障措施，需政府及其相关部门提供组织保障，管理及制度保障，同时投融资模式的创新是海绵城市建设中至关重要的环节，结合山地海绵城市开展实际情况，选择高效的投融资模式将为海绵城市建设提供融资机制保障以及资金保障，同时也需要海绵城市建设丰富经验的技术支撑单位从研究、规划、设计、咨询、建造、运营全过程给予技术支持。

4.2.1 组织保障

海绵城市建设必须要建立与之相适应的管理体制。海绵城市建设责任主体是城市人民政府，在现有的体制机制下要形成有效的组织协调和领导机制，明晰工作思路，制定工作方案和实施计划，统筹部署，健全机制。其次，完善部门协调与联动机制，统筹城市规划与建设管理，建立规划、建设、市政、道路、园林、水务、水利等部门协调联动、密切配合的机制。

2015年2月，重庆市人民政府成立了重庆市海绵城市建设试点工作领导小组，明确领导小组成员、主要职责及责任分工。领导小组研究拟订全市海绵城市建设的方针、政策，监督指导重庆市海绵城市试点工程建设、运营情况，统筹协调全市海绵城市建设有关问题。主要成员包括市政府副市长、市城乡建委主任、市财政局副局长和市水利局副局长，成员单位有市发展改革委、市财政局、市城乡建委、市规划局、市市政委、市水利局、市园林局等。领导小组办公室设在市城乡建委，下设政策技术组、规划编制组、资金保障组、建设推进组等四个专项工作组。

两江新区悦来新城建立海绵城市建设全过程的联动机制，在规划保障体系—设计、审查阶段—建设阶段—运营阶段整个过程中落实海绵城市相关内容，市领导小组在建设全过程中起到协调相关部门，两江新区领导小组指导监督执行。

联动机制见图4.2.1。

璧山区海绵城市建设工作的实施机构由绿岛新区管委会承担，负责海绵城市具体建设工作的实施和管理，是海绵城市建设工作目标达成的责任主体。发展改革、城乡建设、规划、国土房管、水务、市政园林、财政、金融等部门必须按职能职责分工，高度密切配合，认真学习借鉴全国其他地区先进经验和好的做法，培养一批业务精通、责任心强、能干实事的干部队伍，形成强大合力，高标准、扎实有序推进各项工程建设，确保于2017年底前将绿岛新区建设成为高质量的海绵城市。

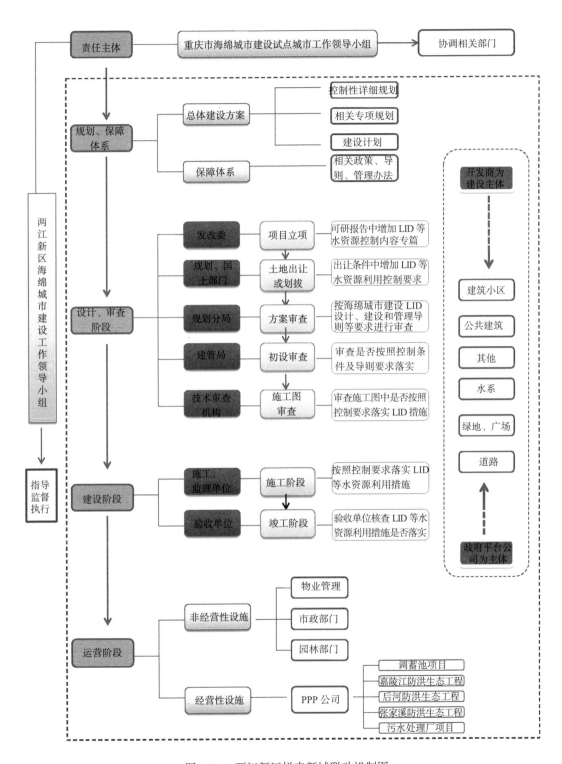

图 4.2.1　两江新区悦来新城联动机制图

4.2.2 融资机制保障

海绵城市建设投资量巨大，在资金问题上，除了中央和地方的财政支持，还要引入社会资本。海绵城市既有城市公园、广场等公共领域里的项目内容，又有普通建筑、小区等社会领域里的内容。对社会领域内容，可鼓励社会力量参与建设，政府可在法律范围内适当奖励并加强监管确保落实；对公共领域里内容，除财政直接投入实施外，也可以由政府制定具体的操作办法，采取 PPP 模式等引进社会资本参与，走"先引导、再规范"的路子。根据项目具体情况，需要政府主导或参与的海绵城市建设项目可通过以下运作方式和融资模式予以实施。

1. 政府直接投资类项目

政府直接投资类项目主要针对区域内非经营性公共基础设施项目，具体包括道路工程 LID 系统、公建部分 LID 系统、居住区 LID 系统、部分调蓄设施、生态泄流通道、部分公园 LID 系统、透水性广场停车场、悦来古镇 LID 改造工程等，该类项目缺乏使用者付费或政府补贴机制的性质，无法实现直接的投资回报，不能够引入社会资本。该类项目采取的融资模式是，政府为项目直接投资，不考虑金融机构融资，直接承担起融资安排中相应的责任和义务。

项目采用的运作方式是，政府在项目实施过程中，可以采取直接负责项目设计、建造以及运营的采购，政府协调工作相对较大，但有利于当地政府对项目更好的监督和管理，并能够适度降低投资额；也可以采用 DBO（Design-Build-Operate）模式，即设计—建造—运营模式，由政府拨款投资，承包商设计、建造，并负责营运，满足项目运营期里公共部门的运作要求，该种模式主体单一，具有优化项目的全寿命周期成本等优势，并能够提供项目建设、运转效率，但会适度增加建设期的投资总额。

两江新区悦来海绵城市建设政府直接投资类项目的融资渠道为政府财政资金，包括中央财政专项资金和地方财政资金，计划融资 30.79 亿元，占比项目总投资 44%，如表 4.2.1。

政府直接投资项目投资计划及资金筹措计划表　　　表 4.2.1

序号	项目名称	合计	建设期（年）		
			2015 年	2016 年	2017 年
一	项目总投资				
1.1	建设投资	307885	81345	137993	88547
1.2	建设期利息	0	0	0	0
	小　计	307885	81345	137993	88547
二	资金筹措				

序号	项目名称	合计	建设期（年）		
			2015 年	2016 年	2017 年
2.1	项目资本金	307885	81345	137993	88547
2.2	其他				
	小　计	307885	81345	137993	88547
项目总投资	资金比例	项目资本金（财政资金）		100.00%	100%

2.PPP 模式类投资项目

PPP 模式类投资项目主要针对海绵城市建设的准经营性项目和经营性项目。准经营性项目包括污水处理厂，准经营性项目虽然没有直接经济效益，但却具有间接性收益，具有生态效益和社会效益，因此，可以引进社会资本进行投资，并通过政府补贴实现社会资本的微利回报。经营性项目是通过配套经营性设施来实现收入弥补投资。经营性项目有明确的经营价格或补贴标准，能够弥补项目投资或适当实现盈利，完全适合采用社会资本。

PPP 模式下的投资项目，政府作为项目的发起人，可同时采取股权融资和债务融资，即采用 PPP 模式，政府与社会资本的合作，是指政府与私人组织之间，为了合作建设城市基础设施项目，以特许权协议为基础，彼此之间形成一种伙伴式的合作关系，并通过签署合同来明确双方的权利和义务，以确保合作的顺利完成。该模式下采用的运作方式是"BOT"，即建设—运营—移交方式实施项目。这是一种优化的项目融资与实施模式，是一种以各参与方的"双赢"或"多赢"为合作理念的现代融资模式。

PPP 模式的合作机制为促进经济持续健康发展，减少政府债务的增加，减少政府的直接投入，根据国务院《关于加强地方政府性债务管理意见》（43 号文）、《国务院关于创新重点领域投融资机制社会投资的指导意见》（60 号文）、《重庆市 PPP 投融资模式改革实施方案》（渝府发（2014）38 号文）文件精神，部分子项目拟采用 PPP 模式，对项目实施融资，解决项目融资渠道问题。PPP 是一种新型的基础设施投融资模式，PPP 模式具体的运作模式一般是政府、企业基于某个项目而形成以"双赢"或"多赢"为理念的相互合作形式，使得项目的参与各方重新整合，组成战略联盟，协调各方的不同目标，参与各方可以达到与预期单独行动相比更为有利的结果。

两江新区悦来新城海绵城市拟采用的 PPP 模式，是通过重庆市两江新区政府引入社会资本成立项目公司，以 BOT（Build-Operate-Transfer，建设—经营—转让，简称 BOT）等合作模式实施悦来新城部分子项目。PPP 模式核心内容是实行股权融资，股权结构由政府引入社会投资共同构成，并成立项目公司，然后由项目公司进行项目债务融资。PPP 模式类项目融资渠道包括政府财政资金、社会资本（股本金）以及通过项目公司进行的金融机构融资，其中政府财政资金包括中央财政专项资金和地方财政资金。由表 4.2.2 可知，计划融资 39.67 亿元，占比总投资 56%，来源于政府财政投资资金（股本金）、社会资本（股本金）以及通过项目公司的金融机构融资。计划需要筹集项目资本金 15.80 亿元和金融机构融资（暂按贷款考虑）23.88 亿元。其中项目资本金来源于政府财政资金 7.11 亿元以及 PPP 融资项目引入的社会资本 8.69 亿元。PPP 项目融资结构如表 4.2.3，项目资本金占项目总投资的比例为 40%，金融机构融资（按贷款考虑）占项目总投资的比为 60%。项目资本金中政府财政资金占项目资本金 45%，通过 PPP 模式引入社会资本占项目资本金的 55%。PPP 项目利用政府财政资金 7.11 亿元，占 PPP 项目总投资比例为 18%，带动社会资本和金融机构融资 32.56 亿元，占 PPP 项目总投资比例为 82%，实现政府财政资金 1∶4 左右的投资带动作用，充分利用了项目投资杠杆原理，拓宽了融资渠道，如图 4.2.2。

PPP 项目投资计划及资金筹措计划表

表 4.2.2

序号	项目名称	合计	建设期（年）		
			2015 年	2016 年	2017 年
一	项目总投资				
1.1	建设投资	377069	120456	147862	108751
1.2	建设期利息	19611	1953	7043	10615
1.4	流动资金	50			50
	小 计	396729	122408	154905	119416
二	资金筹措				
2.1	项目资本金	157979	58908	52855	46216
2.1.1	政府投资	71091	26509	23785	20797
2.1.2	社会资本	86889	32400	29070	25419
2.2	借款	238750	63500	102050	73200
	小计	396729	122408	154905	119416

PPP 项目融资结构分析表

表 4.2.3

项目资本金	40%
政府投资	18%
社会资本	22%
金融机构融资（贷款）	60%

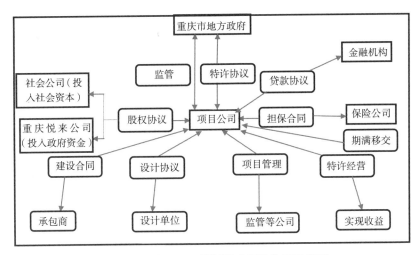

图 4.2.2　项目 PPP 融资模式框架分析示意图

PPP 项目流程，如图 4.2.3：确立项目—选择项目合作公司—联合成立项目公司—招投标和项目融资—项目建设—项目运行管理—项目移交。

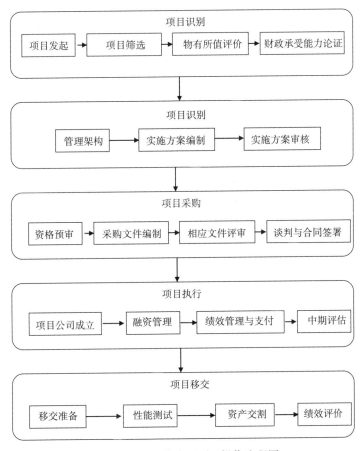

图 4.2.3　PPP 模式下项目操作流程图

项目实施机构应每 3～5 年对项目进行中期评估，重点分析项目运行状况和项目合同的合规性、适应性和合理性；及时评估已发现问题的风险，制订应对措施，并报财政部门（政府和社会资本合作中心）备案。

政府相关职能部门应根据国家相关法律法规对项目履行行政监管职责，重点关注公共产品和服务质量、价格和收费机制、安全生产、环境保护和劳动者权益等。政府要确定一种 PPP 模式项目的承诺机制，降低融资成本，提供投资激励，让社会资本投资者得到合理的利润收入，并保证引入社会资本的安全性。利益相关方需要进入监管过程，提高监管效率，包括各方投资者、运营者、消费者、相关人员、相关行业代表、潜在运营合作伙伴、纳税人等参与方进入监管过程，才能形成有效监管模式，使监管法规即能保证基础设施服务质量，又能保护有关利益方的合法权益。

政府、社会资本或项目公司应依法公开披露项目相关信息，保障公众知情权，接受社会监督。社会资本或项目公司应披露项目产出的数量和质量、项目经营状况等信息。政府应公开不涉及国家秘密、商业秘密的政府和社会资本合作项目合同条款、绩效监测报告、中期评估报告和项目重大变更或终止情况等。社会公众及项目利益相关方发现项目存在违法、违约情形或公共产品和服务不达标准的，可向政府职能部门提请监督检查。

按照风险分配优化、风险收益对等和风险可控等原则，综合考虑政府风险管理能力、项目回报机制和市场风险管理能力等要素，在政府和社会资本间合理分配项目风险。

4.2.3 管理制度保障

综合运用经济、法律和必要的行政手段，进行以间接调控方式为主的海绵城市基础设施管理。灵活运用投资补助、贴息、价格等多种手段，引导社会投资，优化投资产业结构。强化海绵城市基础设施项目的建设管理，结合政府投资项目的项目储备制度，逐步推行代建制。

1. 建立项目区分机制，合理确定项目运作模式

根据项目区分理论，建立项目区分机制，根据经营性与非经营性的属性决定项目的投资主体、建设运营主体、运作模式、资金渠道及盈利模式等。鼓励、支持和引导社会资本参与海绵城市经营，实现城市建设主体的多元化、资金来源的多渠道和投资经营方式的多样化。对于有一定回报的基础设施和社会项目均应纳入市场化运作范围，采用 PPP 进行筹建及运营管理；政府投入均应委托政府投资公司或发展公司运作，项目的实施与管理均按现代企业制度要求运作，建立项目区分机制的目的在于区分海绵城市建设中应由政府投资的项目和由社会投资的项目，明确政府在城市建设中的范围和职责。

2. 加强政府投资制度管理，规范政府投资

合理界定政府投资范围。政府投资主要用于市场不能有效配置资源的非经营性城市基础设施项目，并按照政府投资运作模式进行，资金来源也以政府财政投入为主；规划政府投资资金管理，加强政府投资的制度管理，统筹预算内、外政府专项资金，使政府资金在引导社会各类资金中起基础性、决定性作用；制定市场运作所需要的各项配套政策，在资产保全、服务规范、价格收费、信息公开等方面维护投资者的权益，强化对社会投资者的责任约束；协调解决下一级行政区域之间基础设施建设的共享性问题，形成跨行政区域基础设施的规划协调机制，避免重复建设，合理配置资源，提高投资效率。

3. 完善社会参与机制，拓宽融资渠道，创新融资模式

大力发展资本市场融资方式，通过信托业务、投资银行业务、金融工程设计等金融工具的综合运用，创新城市基础设施投融资方式，构建项目融资、投资银行和资本市场等多种融资方式相结合的融资体系，吸引社会资金在管理权和所有权上全面介入海绵城市基础设施的投资、建设和运营，建立混合经营的城市基础设施投融资机制；尽快研究、建立起合理有效的政策框架，遵守改革的承诺和政策制定的连续性，对社会资本参与进行积极的引导和有效控制，明确鼓励社会资本参与的领域、允许的参与方式和参与程度；建立城市基础设施投资、建设和运营的信息体系和各方面协调机制，确保城市基础设施建设运营平稳发展。

4. 健全投资补偿机制

尽快改变政府直接投资或政府直接融资的投资体制，建立起由政府组织项目筹划，通过有政府背景的资本产业机构在境外资本市场直接融资筹措建设资金或向境内外投资者招投标建设与经营、政府给予优惠政策或综合补偿的新型投资机制。通过政府扶持，合理定价，建立科学的城市基础设施价费机制和投资补偿机制，灵活运用投资补助、贴息、价格、利率、税收等多种手段，引导社会投资，优化投资结构。对价格不到位、经营收入不足以回收成本的海绵城市基础设施项目，可通过适当补贴和相关政策对投资者给予投资补偿，保障投资的合理收益。在综合考虑市场资源合理配置和保证社会公共利益的前提下，建立与物价总水平、居民收入水平以及企业运营成本相适应的价格联动机制。

5. 落实资金管理制度，提高资金使用效率

制定《海绵城市建设试点项目资金管理办法》。落实市级财政对海绵城市建设试点专项资金补助的政策，制定保障社会资本正常运营和合理收益的费价政策、海绵城市利用雨水回收再利用等方面的激励政策，减免回灌水资源收费、城市基础设施配套费等收费政策，建立海绵城市建设试点项目专项资金，并做到专款专用。财政部门每年拨款专项资金主要用于海绵城市试点项目增量成本的补贴、建立低影响开发雨水系统项目奖励基金等，确保专项资金落实到位，并由市建设、财政主管部门对拨付的专项资金进行跟踪检查，加强财政补贴和预算的规范性。

6. 建立资源补偿机制

明确资源补偿的政策支持对象。对资源保护、资源综合利用做出贡献的区域、乡镇、

企业，给予补偿和奖励。建立资源补偿的公共财政制度。加大政府财政转移支持力度，整合优化财政补助结构，将生态建设和环保补助的相关专项资金逐步纳入生态补偿资金之中，建立健全以公共财政为主的资源补偿机制。建立资源补偿的行政责任机制。完善现行党政领导干部政绩考核机制，提高生态环境、资源保护工作在政绩考核中的比重，把环保工作实绩考核作为干部使用的一个重要依据。

7. 完善监管体系

项目实施机构每 3 ~ 5 年对项目进行中期评估，重点分析项目运行状况和项目合同的合规性、适应性和合理性；及时评估已发现问题的风险，制订应对措施，并报财政部门（政府和社会资本合作管理机构）备案。政府相关职能部门应根据国家相关法律法规对项目履行行政监管职责，重点关注公共产品和服务质量、价格和收费机制、安全生产、环境保护和劳动者权益等。按照风险分配优化、风险收益对等和风险可控等原则，综合考虑政府风险管理能力、项目回报机制和市场风险管理能力等要素，在政府和社会资本间合理分配项目风险：试点项目设计、建造、财务和运营维护等商业风险由社会资本承担，法律、政策等风险由区政府承担，不可抗力等风险由政府和社会资本合理共担。

4.2.4 技术保障

为在技术上保障重庆市海绵城市建设项目的顺利推进，海绵城市建设实施需依托具有海绵城市建设丰富经验的技术支撑单位从研究、规划、设计、咨询、建造、运营全过程给予技术支持，全程参与海绵城市的建设，提供全方位、全过程的技术咨询服务，在技术管理、工程实施、关键节点等提供技术指导，确保实施效果。

2015 年 12 月重庆市城乡建设委员会（市城乡建委）、重庆市科学技术委员会（市科委）联合成立了重庆市海绵城市建设工程技术研究中心（海绵中心）。海绵中心依托重庆市市政设计研究院组建，是我国第一个开展与海绵城市、综合管廊和地下管网建设相关工作的省级研究中心。

海绵中心职责包括：（一）政策研究：负责海绵城市、综合管廊、地下管网相关政策研究工作。（二）标准研究：负责海绵城市、综合管廊、地下管网技术标准研究工作。开展相关技术、材料、设备的开发及成果转化、检测等相关工作，开展相关规划、设计、运行等的技术咨询和培训工作。（三）信息系统建设和维护工作：负责海绵城市、综合管廊、地下管网信息系统建设和维护工作。（四）建立项目库和评估工作：协助制定海绵城市、综合管廊、地下管网中长期建设规划和年度计划，建立和维护项目储备库，定期开展项目建设绩效考核与后评估工作。（五）相关研究与咨询工作：市城乡建委交办的其他涉及海绵城市与水资源环境、地下管网等方面的相关研究与咨询工作。

海绵中心目前已开展《山地城市非金属管道排水系统最大设计流速研究》、《重庆市悦来新城雨水收集利用技术研究》、《重庆市悦来新城海绵城市控制指标研究》等几十项应用技术研究;开展了《重庆市海绵城市规划设计导则》《重庆市城市雨水利用技术规程》、《重庆市低影响开发设施标准图集》等技术标准的制定;起草了《重庆市海绵城市建设管理办法》、《重庆市城市区域雨水排放管理办法》等相关政策制度。承担了重庆市主城区及部分区县的海绵城市专项规划以及相关海绵城市建设设计项目。

第5章
山地海绵城市规划与设计

海绵城市建设遵循"规划引领，生态优先，安全为重，因地制宜，统筹建设"的原则，其中，"规划引领"是指导海绵城市建设的首要原则和重要依据[1]。海绵城市是一个系统、一个整体，其建设过程离不开规划的统筹部署，一方面，海绵城市是 LID、排水防涝、城市面源污染控制和合流制系统溢流管理等多种技术的综合集成，在建设过程中要发挥规划的综合协调作用；另一方面，海绵城市是统筹解决水资源、水安全、水环境和水生态问题的有效途径，在建设过程中要发挥规划的统筹优化作用[2, 3]。海绵城市建设应因地制宜，强调一城一策、一地一策。重庆市是我国规模最大的山地城市，具有典型的大山、大江的地理特征，同时也是典型的高密度、高强度开发的特大城市。作为三峡库区重要的生态环境保护屏障，山地城市重庆具有特殊的地形地貌和环境条件，在缓解水资源危机、减轻洪涝安全隐患、改善生态环境等方面都有着更为迫切的要求，这与海绵城市要解决的问题一脉相承[4]。海绵城市建设是一个跨部门、跨行业、跨专业的系统工程，涉及城市水系、绿地系统、排水防涝、道路交通等多领域，同时需要政府规划、排水、道路、园林、交通等多部门与地产项目业主之间协调合作[5]，以及排水、园林、道路、交通、建筑等多专业领域协作。

5.1 重庆海绵城市规划的一般规定

5.1.1 规划理念

海绵城市综合采取渗、滞、蓄、净、用、排等措施，最大限度减少城市开发建设对生态环境的影响，有效削减径流污染，促进雨水资源的有效利用，构建健康完善的城市水生态系统，促进人与自然和谐发展。海绵城市的理念应贯穿于城市规划、建设、运行、管理的全过程。

5.1.2 规划原则

海绵城市规划要遵循"因地制宜、经济合理、生态优先、安全为重、统筹协调、长效保障"的原则，同时应尊重历史与人文，突出重庆地方特色与亮点，鼓励创新。

5.1.3 规划体系

海绵城市规划编制体系包括总体规划、控制性详细规划两个层级。总规层级海绵规划将指标分解到排水分区（建设用地面积约 2～5km²），布局公共性质的海绵设施。控规层级海绵规划在排水分区指标的基础上，将指标分解到地块（约 1～5hm²），优化落实海绵设施。

总规层级海绵规划是城市总体规划的专项规划，应与水系、排水、绿地、道路等其他相关专项规划相互衔接。在编制城市总体规划时应将海绵城市目标、指标体系、生态空间格局、山系、水系、绿地保护修复要求等内容纳入其中。在编制其他相关专项规划时应将海绵指标、海绵设施布局、空间管控要求等内容纳入其中。

控规层级海绵规划应结合控制性详细规划落实总规层级海绵规划的相关要求，在编制控制性详细规划时应将地块海绵指标、规划措施、LID 设施配置引导及管控要求等内容纳入其中。

5.2　规划区基本资料调查

海绵城市建设的基本原则是"规划引领、生态优先、安全为重、因地制宜、统筹建设"，应将海绵城市建设提升到城市生态文明建设的战略高度予以执行。海绵城市规划应遵循"渗、滞、蓄、净、用、排"的六字方针，把雨水的渗透、滞留、集蓄、净化、循环使用和排水密切结合，统筹考虑内涝防治、径流污染控制、雨水资源化利用和水生态修复等多个目标。规划是进行海绵城市建设的第一步，也是顶层设计的关键步骤之一。

为顺利进行海绵城市专项规划，规划可分为基本资料调查和专项规划两个步骤。基本资料调查主要对重庆市现有自然条件、水系、水体、排水管网进行摸底调查，提出主城区发展所面临的水生态、水环境、水安全、水资源方面的问题，专项规划主要针对基本资料调查所提出的问题，结合海绵城市自身的需求，提出建设目标，根据建设目标展开各个层级的规划。

海绵城市规划基本资料调查是进行海绵城市专项规划的前提，通过基本资料调查，可以了解城市现有的自然条件状况，摸清城市水生态、水环境、水资源、水安全方面存在的问题，调查结果作为海绵城市规划的设计条件和问题导向。

5.2.1　城市自然条件

了解区域内地面高程和地面坡度分布，分析其原有的雨水自然汇流路径等；了解区域岩层类型、土壤类型及分布情况等；调研该地区的天然植被类型、植被品种；建成区的市政道路绿化带、公园绿地、防护绿地、建筑与小区等不同类型绿地，以及湿地和河畔的植物应用情况；收集区域内或周边气象站多年气温、降雨、蒸发量观测资料；调查分析区域内不同地块的面积、建筑密度、绿地率和建设情况等；区分区域内的未建地块、已建地块及在建地块。

5.2.2 水生态

调查面积在 1km² 以上水系分布情况，含流域面积、河道长度、河口位置等；调查河道管理水域、保护区、控制利用区和开发利用区四大功能区的划分和界线；取得区域内的未开发水面率，根据城市水系水域面积资料，结合城市规划建设区内山坪塘（蓄水容积大于 500m³、小于 10 万 m³ 的小型蓄水工程）以城市规划功能区或组团为单位，统计各功能区或组团现状水体总面积，计算水面率；结合当地的水资源公报资料等，统计地表水资源总量和可利用量、年产流系数等。

5.2.3 水环境

调查区域内现有的黑臭水体、主要水体名称、起始边界、水体类型、面积或长度、所在区域、黑臭级别、水质现状等。调查区域内的排污口，主要针对旱季有污水直排入水体的排污口调查排污口的位置、管径、排污去向、旱季污水量和受纳水体的水环境功能区划等，针对截流式合流制溢流，主要调查溢流口的位置。调查区域内河流名称、断面名称、监测水期、主要污染物指标浓度、断面现状水质类别等；湖库名称、断面名称、监测水期、主要污染物指标浓度、断面现状水质类别。调查区域内城市污水处理厂名称、位置、服务范围、服务人口、设计规模、现状处理能力、受纳水体及执行的排放标准、出水水质及是否满足达标排放等；污水管网基础信息普查（管径 ≥ 300mm，或方沟 ≥ 300mm×300mm）：含管网平面位置、长度、管材、管径、管内底标高、埋深、流向、连接方式、建设年限、埋设方式、权属单位、管网附属设施设置等属性；在污水管网基础信息普查的基础上，开展管渠病患排查工作，切实摸清污水管道破裂、变形渗漏、借口错位、有硬质垃圾或石块沉积堵塞、管道结垢、大管接小管、雨污水倒流、雨污混接及井室破裂漏水等运行维护情况。

5.2.4 水资源

调查区域内饮用水水源地水质现状；供水厂名称、位置、水源、服务范围、服务人口、设计规模、现状供水能力、出厂水水质达标情况、市政杂用水使用情况等；水厂供区分布及相应供区压力、管网漏损率、管网水水质达标情况等。调查区域内中水厂名称、位置、供水范围、水处理工艺、设计规模、现状处理能力、中水回用类型及回用量、出厂水水质达标情况等。调查区域内雨水回用设施在绿色生态小区、大型公共建筑的分布、雨水收集利用技术、处理能力、进出水水质、雨水回用类型及回用水量等。

5.2.5 水安全

调查城市易涝点的空间分布，近 10 年城市现状易涝点位置、积水深度和积水范围；城市排水分区名称、流域面积和最终排水出路、雨水管渠现状排水能力；雨水管渠基础信息普查（管径 ≥ 300mm，或方沟 ≥ 300mm × 300mm）:管网平面位置、长度、管材、管径、管内底标高、埋深、流向、连接方式、建设年限、埋设方式、权属单位、管网附属设施设置等属性；在雨水管渠基础信息普查的基础上，开展管渠病患排查工作，切实摸清雨水管渠破裂、有硬质垃圾或石块沉积堵塞、管道结垢、大管接小管、雨污水倒流、雨污混接及井室破裂漏水等运行维护情况；城市排水泵站位置、泵站性质、设计流量、设计标准、服务范围、建设年限及运行情况；现状城市雨水径流行泄通道位置、断面、长度、是否被随意侵占和改建等；城市排水防涝非工程措施建设情况，如体制机制、应急预案、内涝灾情预警预报、信息化平台、排水设施经费管理等建设。

调查城市已建河道治理工程情况,含堤防名称、堤防等级、起止位置、护坡形式及现状、设计洪水标准等；城市已建涵闸情况，含结构形式、主要结构尺寸、设计流量、占用河道岸线长度和面积等；已建防洪水库基本情况，含控制集雨面积、总库容、防洪库容和特征水位等；城市防洪水文监测站点建设情况等。

5.3 重庆市主城区海绵城市专项规划

5.3.1 规划区概况

重庆市主城区海绵城市专项规划，规划面积 5473 km^2，其中建设用地面积为 1188 km^2，规划人口约 1200 万人，规划期限与重庆市城乡总体规划保持一致，近期规划至 2020 年。规划重点为城市建设用地所在的组团范围，面积约 1712 km^2，其中建设用地面积为 1158 km^2，区域性基础设施面积 38 km^2。主城区海绵城市规划建设的重点区域为组团范围内的建设用地及区域性基础设施。

根据主城区自然特征和环境条件，综合采用"净、蓄、滞、渗、用、排"等措施，将 70% 的降雨就地消纳和利用，完善生态格局、改善水环境、修复水生态、加强水安全、保障水资源，建设"具有山地特色的立体海绵城市"，实现"水体不黑臭、小雨不积水、大雨不内涝、热岛有缓解"的目标。到 2020 年，城市建成区 20% 以上的面积达到目标要求，到 2030 年，城市建成区 80% 以上的面积达到目标要求。

坚持因地制宜的原则，老城区以问题为导向，重点解决径流污染、黑臭水体、局部积水及大面积硬化等问题；新区以目标为导向，优先保护自然生态，综合平衡自然生态保护，城市发展，经济投入，提升海绵城市建设综合效益。统筹发挥自然生态功能和人工干预功能，以源头减量为重点，结合过程控制和末端治理，形成完善的雨水综合管理体系。

5.3.2 问题及需求分析

1. 水生态问题

（1）水土流失问题

三峡库区重庆段在全国水土流失类型区划中属西南土石山区，是国家级水土流失重点监督区和水土流失重点治理区，占三峡库区总面积的 80%，覆盖了库区的绝大部分范围，它的水土流失问题对于三峡水利枢纽工程的长期安全运行以及长江下游地区的防洪与生态安全具有特殊重要的战略意义。

据 2005 年遥感调查知，全市水土流失面积 4.0 万 km²，占辖区面积的 48.55%。平均土壤侵蚀模数 3641.95 吨 /（km². 年），土壤侵蚀总量 1.46 亿吨 / 年。其中三峡库区水土流失面积 2.38 万 km²，占辖区面积的 51.71%，平均侵蚀模数 3738.51 吨 /km² 年，土壤侵蚀总量 8924 万吨 / 年。重庆市每年投入大量资金进行水土流失治理，2004-2013 年治理水土流失面积如表 5.3.1。根据 2013 年 5 月《第一次全国水利普查水土保持情况公报》发布数据：重庆市土壤水利侵蚀面积仍有 31363km²，占辖区面积的 38.07%。

2004-2013 年重庆市年治理水土流失面积 表 5.3.1

年份	年治理水土流失面积（km²）
2004	2201
2005	2514.21
2006	2533
2007	2612.67
2008	2538.7
2009	2815.2
2010	2418.73
2011	3175
2012	1675
2013	1527

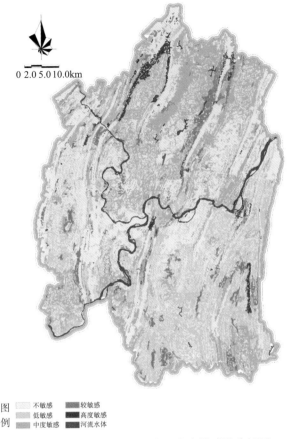

0 2.0 5.0 10.0km

图
例

不敏感	较敏感
低敏感	高度敏感
中度敏感	河流水体

图 5.3.1　重庆主城区水土流失敏感性分析图

从图 5.3.1 中可以看出，重庆主城区域内，水土流失敏感性为不敏感和低敏感的区域占据大部分面积，中度敏感区和较敏感区主要分布在嘉陵江及长江以北，高度敏感区域主要集中在北碚区、渝北区、南岸区及小部分的巴南区。

水土流失导致土壤肥力下降，使大量肥沃的表层土壤丧失，水库淤积，河床抬高，通航能力降低，洪水泛滥成灾；威胁工矿交通设施安全，恶化生态环境。

（2）生态敏感区环境问题

生态敏感区是指那些对人类生产、生活活动具有特殊敏感性或具有潜在自然灾害影响的，极易受到人为的不当开发活动的影响而产生生态负面效应的地区。生态敏感区包括生物、生态环境、水资源、大气、土壤、地质、地貌以及环境污染等属于生态范畴的所有内容。生态敏感区作为一个区域中生态环境变化最激烈和最易出现生态问题的地区，也是区域生态系统可持续发展及进行生态环境综合整治的关键地区。

重庆作为典型的山水城市，水系发达，且有着典型的喀斯特地貌。根据重庆的特有环境，生态敏感区类型主要包括喀斯特生态敏感区和亚热带喀斯特水源保护区。

喀斯特环境是一个独特的生态系统，具有环境容量低，生物量小，生态环境系统变异敏感度高、抗干扰能力弱、稳定性差等一系列的生态脆弱特征。重庆市位于我国第二级地貌阶梯边缘地带，喀斯特地貌十分发育。主城区内喀斯特敏感区主要分布于：缙云山山脉、中梁山山脉、铜锣山山脉、明月山山脉、东温泉山山脉等。

水源保护区是国家对某些特别重要的水体加以特殊保护而划定的区域，是污染控制的重点区域。重庆市水源保护区主要分布于嘉陵江上游支流区域（渝北区、北碚区），及长江下游部分支流区域（巴南区）。

2. 水环境问题

（1）点源污染、面源污染问题

点源污染是指污染物从集中地点排入水体。主要包括生活污染和工业污染，就重庆主城区而言，其点源污染具有以下特点：

1）重庆主城区内工业企业相对较少，且对于工业企业的污水排放管理较为严格，对于排入城市污水管网的工业废水，均要求其处理达标后尚可排放，故对重庆主城区而言，其点源污染主要以生活污染为主；

2）污水管道覆盖率尚未达到100%，尚有部分地区污水采用散排或排放至雨水管道的情况；

3）部分老旧污水管道污水渗漏严重；

4）已有污水处理厂的处理能力有限。

因此污水收集和处理设施的不足，导致部分生活污水排入水体，给周边水体环境带来了较大的污染。

随着城市化进程的快速推进，由于暴雨径流冲刷引起的城市径流污染已成为受纳水体水质安全的重要威胁。城市径流污染的产生随机性强，影响因素众多，不同地区的研究结果鲜有一致。山地城市地形起伏多变，其径流污染的发生规律更为复杂。

重庆市不同下垫面和流域尺度的降雨径流监测结果表明[1-5]，城市交通干道 TSS 和 COD 的 EMCs（Event Mean Concentrations，事件平均浓度，简称 EMCs）显著高于生活区道路、商业区、混凝土屋面、瓦屋面和校园综合汇水区，同时，商业区和城市交通干道 TN 的 EMCs 相互接近（7.1 ~ 8.9mg/L），且高于混凝土屋面、瓦屋面和校园综合汇水区三种用地类型。城市交通干道的 TSS、COD 和 TP 的污染负荷分别为 589、404、1.0t/（$km^2 \cdot a$），是 TSS、COD 和 TP 城市径流污染负荷的主要贡献体；同时，TN、NH_3-N 城市径流污染负荷产率的主要贡献体是城市交通干道、商业区和居民生活区道路，分别为 6.6 ~ 8.5t/（$km^2 \cdot a$）、4.1 ~ 4.5t/（$km^2 \cdot a$）。

重庆是三峡上游最大的面源污染城市，且随着城市化进程的加快，面源污染有日益恶化的趋势。

（2）水体污染问题

对长江、嘉陵江以及主城区的 40 条一级支流进行评价：长江和嘉陵江的水质良好，分别是Ⅲ类和Ⅱ类水体；江北区以及中西部片区内的水体水质较差，河流水质以Ⅴ类和劣Ⅴ类居多；主城区 40 条一级支流中有 16 条（27 段）呈黑臭状态，约占 40%。

3. 水资源问题

重庆地区过境水资源量丰富，但可利用水资源量较少。重庆市域多年平均降水量约 1184mm，地表水资源量为 567 亿 m³，地下水资源量 96 亿 m³，平均产水系数为 0.58，平均产水模数 73 万 m³/km²。人均占有当地水资源量仅为 1644m³。依据国际上的"水紧缺指标"：当人均的水资源量处于 1000 ~ 1700m³ 时，属于中度缺水状态，重庆属中度缺水地区。尤其是重庆市容易受气候影响降水的现象比较严重，在一般的中等干旱时，重庆市的水资源总量中，可以被直接利用的水资源量大约为 121 亿 m³，人均的水资源量约为 393m³。在城市大规模的发展过程中缺乏雨水源头控制措施和水系保护措施，不少源头水塘湖泊及河流逐渐功能枯竭或被填埋开发，建成区实际水资源储蓄容量在减少，水面率仅约 1% ~ 3%，远低于其他城市。

重庆水资源时空分布极为不均，汛期占 70%，非汛期占 30%；东部水多，西部水少；丘陵、平坝人多水少辖区面积小，高山深丘人少水多幅员面积大；土壤含水层薄，保水能力差。

重庆地形高差较大，主城区海拔标高 200 ~ 550m，因此从两江提水成本较高，同时河谷深切导致水资源开发利用难度大，成本高，而大量的雨水通过硬化的路面快速排掉，因此资源浪费。由于山地城市降雨后原始地貌下的保水性并不强，城市内的绿化浇洒、道路广场冲洗需水量较大，高程较大处采用江水提升的市政给水，占总用水量的 10% 左右，成本费用较大。重庆市利用地表水量占全市当地水资源总量的 7.8%，利用地下水量占全市地下水资源总量的 1.5%。因此，重庆市水资源的利用对水利工程的依赖性大，属工程型缺水地区。

4. 水安全问题

重庆多年平均年降水量 1208mm，降水主要集中在汛期（5 ~ 9 月），占全年总降水量的 69%，降水量分配极不均匀，雨峰靠前，主城区 219 个易涝点，内涝严重。

重庆是典型的山地城市，山丘广布、地形崎岖、高低悬殊，不仅降水受地形的影响较大，而且重庆独特的地形地貌使得境内水流具有较大的势能差，活动能力较强，由高地势向低地势区汇集，形成支流众多、不对称的向心水系网。一旦大范围降水或局部强降水，雨水迅速向低洼点（凹点）汇集，由于凹点排水出路坡度较小，容易积水，造成严重的洪涝灾害。

近年来，随着重庆市主城区城镇化进程不断加快，城市规模不断扩大，在气候变化和城市化快速发展的背景下，区域短历时强降水的强度和分布特征均发生了显著变化，极端降水事件的强度增强。如 2007 年 "7•17"、2009 年 "8•4"、2013 年 "6•9"、2016 年 "6•24" 等强降水事件，导致主城区部分地区出现排水不畅、内涝、交通堵塞现象，带来了严重的社会影响和经济损失。

5. 海绵城市建设空间保障分析

山地城市建设用地局促，往往需要削山造地，土地开发利用行为对山地自然环境影响更为直接，原有渗水、滞水、保水的海绵结构更易遭受破坏。建设空间保障上应充分考虑城市海绵体的平面展延和立体构建，平面上严格划定禁止开发或控制开发区域，严格控制城市开发建设边界，垂直方向上结合山地地形，构建山地海绵，优化水系通廊，强化"滞、渗、蓄、净、用、排"山地海绵体构建。

主城区具备良好的构建海绵斑块和廊道的生态基础。城市绿地系统的自然生态机制较强，总体生态效应好。城市用地复杂，异形绿地概率增大，楔形、带形绿地多；但是由于用地紧张，城市内绿地偏少，被严重隔离，且分布随机性较大，不均匀，有较大高差。由于山地地形的起伏凹凸、曲折多变，山地城市的绿地也随地形而层层叠叠，高低错落，自然形成一个三维立体绿地系统，有利于城市生态海绵系统的稳定及良性循环。

水系是联通"山地海绵体"基础载体和流动血脉，城市水系形成的自然排水系统是海绵城市生态雨水管理的重要组成部分。主城区多丘陵、低山或山地地貌，地形复杂多变，各等级水线纵横交错。水系及其滨水空间构成了山地城市典型的线状海绵通廊，是维系山地海绵体水循环的流动载体，是联系山体、绿地、城市空间、水生态海绵的关键纽带。

6. 水问题的需求分析

根据《重庆市城乡总体规划（2007-2020年）》中对于美丽山水城市的规划策略，要加强生态环境的保护和建设，加强污染预防与治理，倡导低碳生活和绿色发展。生态文明建设贯彻城乡规划建设管理和经济社会发展以及居民生活的全过程。美丽山水城市建设是生态文明建设的重要载体和组成部分。

重庆作为典型的山水城市，水系发达，城市绿地面积较广。但由于列为直辖市以来，人口增多、发展迅速等原因，在城市发展过程中遇到了生态破坏、水环境污染、水资源供应不足及城市内涝等诸多问题。要解决发展与资源环境的矛盾，实现城市发展目标，重庆必须走集约、低碳生态发展之路。因此，按海绵城市建设要求，建设低影响的开发雨水系统是解决重庆主城区水生态、水安全、水环境、水资源面临的问题的必由之路。

（1）通过海绵城市建设，进一步改善和提升水生态环境质量，恢复自然水生态系统，减少水土流失。根据海绵城市建设的理念及要求，最大限度地保护原有的河流、湖泊、湿地等水生态敏感区，维持城市开发前的自然水文特征；同时，控制城市不透水面积比例，最大限度地减少城市开发建设对原有水生态环境的破坏；此外，对传统城市建设模式下已经受到破坏的水体和其他自然环境运用生态的手段进行恢复和修复。

（2）通过海绵城市建设，进一步加强城市防洪排涝体系的建设。根据需求适当建设调蓄水池、增加调蓄水体，暴雨前利用低潮位开闸放水腾出调蓄空间，高潮时关闸蓄水，避免城市内涝。同时，促进雨水的积存、渗透和净化，在一定程度上提升城市雨水管渠系统及超标雨水径流排放系统的服务能力，充分发挥自然生态系统对水的调蓄功能，有效缓解城市的排涝压力。

（3）通过海绵城市建设，进一步减轻水环境治理压力，改善水体环境，消除黑臭水体。采用绿色屋顶、植草沟、雨水花园等低影响开发措施，在蓄滞雨水的同时拦截面源污染。结合原有的湿地，根据需要建设人工湿地，充分利用自然生态系统的净化功能，将入河污染物削减到环境容量允许的范围，缓解城市水体污染严重的问题。

（4）通过海绵城市建设，进一步保障水资源安全。在城市建设区充分利用湖、塘、库、池等空间滞蓄利用雨洪水，城市工业、农业和生态用水尽量使用雨水和再生水，将优质地表水用于居民生活。在减少城市洪涝风险的同时，缓解可利用水资源缺乏的现实问题。

5.3.3　规划指标体系

在主城区海绵城市建设专项规划中，明确了将海绵城市建设理念贯穿于重庆城市建设全过程，结合山地地貌雨水流速过快的特点，打造具有自然良性循环的城市水系，保护水环境，保障城市水安全，提升水价值，承担起长江上游水源保护和水土生态保护的责任。增强城市防涝能力，提高新型城镇化质量，逐步实现"小雨不积水、大雨不内涝、水体不黑臭、热岛有缓解"，让群众切身感受到海绵城市建设的效果，最大限度减少城市开发建设对生态环境的影响，构建健康完善的城市水生态系统。根据重庆主城区海绵城市建设需求，提出以下建设具体指标。

1. 水生态建设指标

（1）年径流总量控制率：≥ 70%（强制性）；

（2）新建区域在 2 年一遇 24h 降雨条件下，外排雨水峰值流量不高于建设前（指导性）；

（3）生态护岸比例：≥ 55%（不包含自然岸线，指导性）。

2. 水环境建设指标

（1）水环境质量：建设区域内的水功能区水质达标率 ≥ 95%；

（2）城市面源污染控制：雨水径流污染物削减率 ≥ 50%（以 SS 表征、强制性）。

3. 水资源建设指标

对有需求的地区经过经济技术比选确定雨水资源利用率（指导性）。

4. 水安全建设指标

（1）中心城区雨水管道设计标准 5 年，非中心城区雨水管道设计标准 3 年，中心城区重要地区雨水管道设计标准 10 年，中心城区地下通道和下沉式广场的雨水管道设计标准为 50 年（强制性）；

（2）排水防涝标准：50 年一遇降雨条件下，道路至少一条车道积水深度不超过 15cm，居民住宅和工商业建筑物的底层不进水（强制性）；

（3）城市防洪标准：主城区防洪标准为 100 年一遇（北碚为 50 年一遇），具体参照《重庆市主城区防洪规划》（强制性）。

5. 指标体系特色

（1）综合考虑重庆坡度大、坡地面积大（大于 7 度的坡地占总面积的 88%）、土层浅薄持水能力弱、相对湿度大、雨峰靠前、雨型急促、短时暴雨、自然地貌径流系数高等特点，主城区年径流总量控制率因地制宜按不低于 70% 控制。

（2）由于重庆主城区属于典型的山地城市，自然坡度大，雨水汇流时间短，降雨时自然河道容易出现满流状况，对河道生态岸线侵蚀较为严重；同时山地城市的雨水流速较大，对裸露地面的水力侵蚀严重，城市内涝时积水颜色为土黄色表征水土流失严重。为了保护自然河道、裸露地面等免受中小降雨径流侵蚀，参照美国的 CPV（Channel Protection Volume）提出了径流峰值控制指标，在 2 年一遇 24 小时降雨条件下，外排雨水峰值流量不高于建设前。本指标主要针对水生态保护，同时对水安全中径流峰值引发的内涝风险也有一定的缓解作用。途径是通过调蓄各个地块的峰值流量来达到消减自然河道峰值流量、减少对裸露土地的水土侵蚀、缓解水土流失的目标，主要应对高频率中小降雨情况。

5.3.4　海绵空间格局构建及功能区划

1. 山、水、林、田、湖

主城区山体面积总计约 1634km²，约占规划范围的 30%。重庆主城区范围内的山地地理单元，分为中山、低山和丘陵。从地形条件来看，包括平行山岭、孤立高丘、城中山体、崖线等。中山和低山是主城区重要的生态屏障和"绿色肺叶"，在保持水土、涵养水源、净化空气、调节气候和抗御自然灾害、减低城市热岛效应等方面都发挥着重要效用。主城区范围内山体分布主要包括四山，即缙云山、中梁山（含龙王洞山）、铜锣山、明月山；双脊，即枇杷山 - 鹅岭 - 平顶山中部山脊线、龙王洞山 - 照母山 - 石子山北部山脊线及其支脉；40 座重要的城中山体，即樵坪山、云篆山、寨山坪、云台山等，见图 5.3.2。

主城区水域面积总计约 198km²，约占规划范围的 3.6%。重庆主城区内江河纵横，水网密布，所有江河均属长江水系。长江与嘉陵江分别自西南、西北流入主城区，并在朝天门汇合后向东，沿途横切低山或丘陵，形成峡谷，而在峡谷后的江面相对较宽阔，形成沙洲或江心岛。主城区内河流按流域划分，分属长江干流和嘉陵江干流，其他小河流为网络，构成密度较大的水系网络，干支流呈格状、树枝状水系。除长江、嘉陵江两大干流以外，主城区内流域面积在 10km² 以上的一级支流共 40 条，其中流域面积大于50km² 的 18 条，包括璧北河、梁滩河、后河、竹溪河、柏水溪、跳蹬河、大溪河、一品河、花溪河、苦溪河、鱼溪河、五布河、双河、鱼藏河、御临河、朝阳溪、朝阳河、双溪河；流域面积大于 10km² 小于 50km² 的 22 条，分别是三溪口、龙滩子、井口南溪、双碑詹家溪、盘溪河、童家溪、清水溪、曾家河沟、九曲河、张家溪、三岔河、马河溪、西彭黄家湾、黄溪河、兰草溪、沙溪、望江、茅溪、伏牛溪、溉澜溪、桃花溪、葛老溪。其中绕城高速公路以内的有32条。

主城区林地资源丰富，主要分布在四山区域。主城区内林地面积总计约1497km²，约占规划范围的27.3%。其中四山范围内的林地约928km²，占主城区总林地的62%。

主城区田园（耕地、园地）面积总计约1942km²，约占规划范围的35.5%。主城区内的农田主要分布在渝北区北部和巴南区东南部，主要在缙云山、中梁山（含龙王洞山）、铜锣山、明月山、桃子荡山、东温泉山之间沿麻柳河、御临河、二圣河等一级支流两岸的有阶地发育。

主城区内现状各类水面共285处。其中小型（指水库库容 ≥ 10万m³ 而 < 100万m³）及以上的水库190处，其他一般性集中水面95处。作为城市饮用水源的水库4处，分别是南彭、马家沟、观音洞和迎龙水库。主城区内现有彩云湖（国家级）、迎龙湖（国家级）、九曲河3处湿地公园。主城区的水库、湖泊、大型湿地是水系统常年蓄水的主体空间之一，承担着蓄洪、防洪，调节干流水量，改善城市局地气候的作用，部分水库还承担着饮用、灌溉等功能。

图5.3.2　重庆市主城区山、水、林、田、湖分布图

2. 海绵生态空间格局

通过对主城区现状山、水、林、田、湖的自然本底的梳理和对《主城区美丽山水城市规划》的规划评估，规划在重庆主城区海绵城市建设形成"四山双脊四十丘，千溪百湖汇两江，半城山水满城绿"的总体海绵生态空间格局，见图5.3.3。

四山双脊四十丘：主要是指缙云山、中梁山（含龙王洞山）、铜锣山、明月山等四座重要城中山以及樵坪山、云篆山、寨山坪、云台山等四十座城中山体。"四山双脊四十丘"是主城区水源涵养的空间载体。主要体现"渗"水、"净"水的海绵功能，一定程度上有"滞"水的相关功能。

千溪百湖汇两江：主要是指长江、嘉陵江两条主要干流以及40条重要的一级支流、2000余条二三级支流和两百多个湖泊水库。"千溪百湖"是主城区主要的水空间载体。主要体现"蓄"水、"滞"水、"用"水的海绵功能。

半城山水满城绿：主要是指田园、林地、公园绿地、河岸防护绿带、道路防护绿带等建设与非建设绿地空间。这类空间是山水径流运动过程的过渡区域，是重要的"净"水和"滞"水区域。

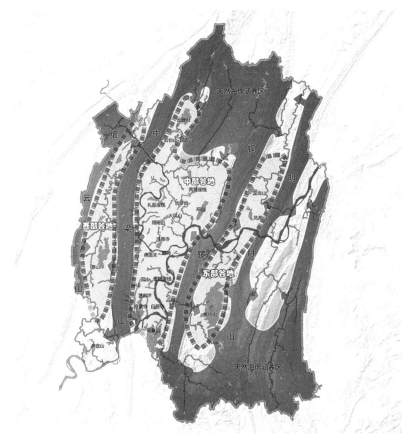

图 5.3.3　重庆市主城区海绵生态空间格局图

3. 海绵功能区划

结合主城区生态空间格局分析、大海绵体空间分布和功能分析，将规划范围内的用地分为四个一级海绵功能区，分别是海绵涵养区、海绵缓冲区、海绵提升区和海绵修复区。见图5.3.4。

（1）海绵涵养区

海绵涵养区面积约1634km²，约占规划范围的29.8%。海绵涵养区主要是指缙云山、铜锣山、中梁山、明月山四山管制区，龙王洞山、桃子荡山、东温泉山等连片山体，寨山坪、樵坪山、照母山等具有极高生态服务功能的城中山体，以及彩云湖、九曲河等湿地公园区域。海绵涵养区以生态涵养和生态保育为主，该区域内应严格控制各类开发建设活动，加强对水土流失、石漠化等区域的生态修复，加大生态环境综合整治力度，可结合森林公园、郊野公园、湿地公园等具体项目，规划设置如陂塘系统、雨水花园等海绵设施，提高海绵空间的涵养功能。

（2）海绵缓冲区

海绵缓冲区面积约2614km²，约占规划范围的47.8%。海绵缓冲区是海绵涵养区与海绵提升区的过渡区域，主要是指城市建设区外围的农田和林地区域。该区域内由于受到人为活动的干扰较为频繁，生态系统不稳定，而且面临一定的农业面源污染问题。海绵缓冲区以生态保护和缓冲功能为主，控制各类开发建设活动，加强农田林网、河岸防护绿带的建设，加强农业面源污染治理，发展生态旅游、生态农业等生态友好型产业，结合农田、水库、坑塘、洼地等空间分布，规划设置具有调蓄功能的海绵设施，提高海绵空间的缓冲功能。海绵缓冲区内若涉及未来城镇发展建设用地拓展区域，应积极保护具有重要海绵功能的山体、水体、坑塘、林地等生态空间，优先保护生态空间格局，以绿色基础设施为主，灰色基础设施为辅，构建海绵系统，推广低影响开发建设模式。

（3）海绵提升区

海绵提升区面积约594km²，约占规划范围的10.8%。海绵提升区主要是指城市规划未建设区域，包括规划范围内小城镇建设用地区域，海绵提升区是城市未来发展的核心区域。海绵提升区以目标为导向，以生态功能优化和建设品质提升为主，以生态文明建设理念为核心，优先落实蓝绿空间体系，保护水系及其绿化缓冲区域，综合平衡自然生态保护，城市发展，经济投入，提升海绵城市建设综合效益。以绿色基础设施为主，灰色基础设施为辅，合理规划布局"渗、滞、蓄、净、用、排"等海绵设施，从源头、过程、末端系统性地控制径流、净化水质，提升海绵城市建设质量。

（4）海绵修复区

海绵修复区面积约631km²，约占规划范围的11.6%。海绵修复区主要是指现状城市建成区域，包括现状区域性基础设施用地等。该区域大量的硬质化铺装、河岸硬化、河道改线等现象导致水系生态功能退化、水质下降、内涝现象严重等问题。海绵修复区以问题为导向，重点解决径流污染、局部积水及自然渗透受阻等问题，修复生态。结合现状的公园绿地、道路防护绿地、配套绿地等空间，规划设置植草沟、滞留池、雨水花园等生态基础设施；结合排水管网及绿地等空间的初期雨水设施；采用透水铺装，逐步改造硬化地面；采用生态修复技术，逐步修复渠化河道；尽量恢复建成区的生态服务功能。

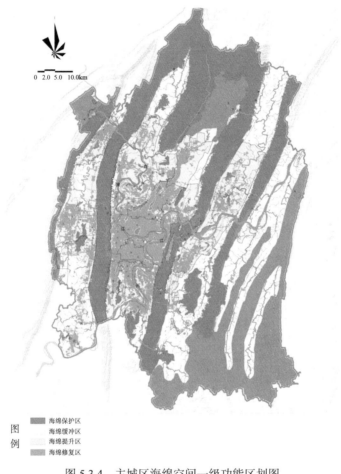

图 5.3.4　主城区海绵空间一级功能区划图

5.3.5　管控指引及规划措施

在自然汇水流域分区的基础上，结合城市用地、道路规划布局，雨水管渠布置，同时充分考虑城市规划管理要求，将主城区划分为 79 个海绵流域排水分区，对各海绵分区内的各类用地进行分析，便于指标分解及指引制定，见图 5.3.5。

结合海绵涵养区、海绵缓冲区、海绵提升区、海绵修复区的划分原则和空间关系，在分析 79 个流域排水分区的用地比例和主导海绵功能区的基础上，将本次规划划分的 79 个海绵流域排水分区分为四种功能类型区（见图 5.3.6 ～图 5.3.9）：

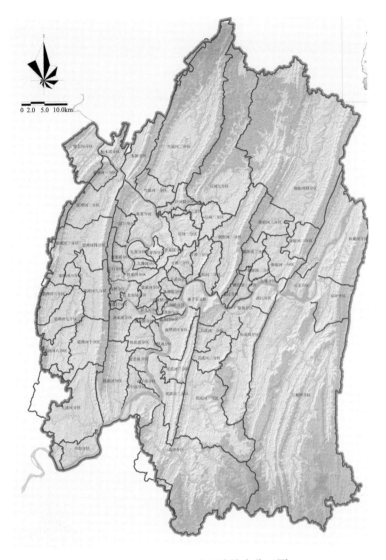

图 5.3.5　主城区海绵流域排水分区图

一类区，主要指是建设用地比例和建成区比例加权值在 75% 以上的流域排水分区。这类流域排水分区主要分布在海绵修复区内，以现状建设用地为主，总共有 12 个流域排水分区，约占规划范围的 4%。

二类区，主要是指建设用地比例和建成区比例加权值在大于等于 50% 且小于等于 75% 的流域排水分区。这类流域排水分区主要跨越海绵提升区和海绵缓冲区（或海绵涵养区），区内建设用地面积比例较大，总共有 22 个流域排水分区，约占规划范围的 10%。

三类区，主要是指建设用地比例和建成区比例加权值在大于等于 25% 且小于 50% 的流域排水分区。这类分区主要位于海绵涵养缓冲区，并且有一定的建设用地，总共有 30 个流域排水分区，约占规划范围的 27%。

四类区，主要是指建设用地比例和建成区比例加权值小于 25% 的流域排水分区。这类分区绝大部分位于海绵缓冲区（或海绵涵养区），流域排水分区内农田、林地等非建设用地比例较大，总共有15个流域排水分区，约占规划范围的59%。

针对主城山地海绵自然本底条件及存在的问题，提出"净化优先保安全，渗透回用促循环、高蓄坡滞低缓排、山水绿文城相映、立体海绵惠渝州"的总体规划策略。

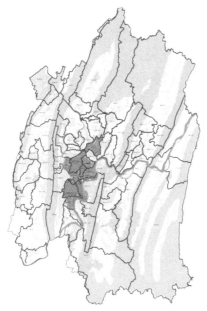
图 5.3.6　一类区流域排水分布图

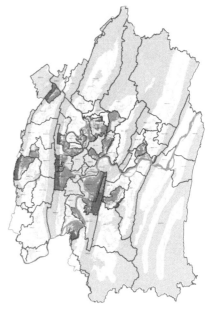
图 5.3.7　二类区流域排水分布图

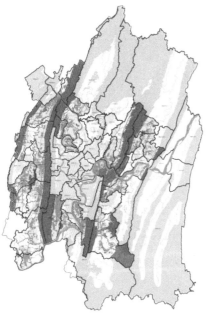
图 5.3.8　三类区流域排水分布图

图 5.3.9　四类区流域排水分布图

（1）净化优先保安全：由于主城区海绵城市建设面临的首要问题是径流污染，所以在"渗、滞、蓄、净、用、排"措施中优先采用净化措施，改善水体环境质量，确保库区水质安全。布置初期雨水收集设施，采用 TMDL 最大日污染负荷法计算面源污染削减率，并核算年径流总量控制率应满足流域污染物消减要求。

（2）渗透回用促循环：针对主城区大面积硬化的问题，推广透水铺装，全面提升城市下垫面渗透能力，促进水在城市内的自然循环过程。按用地性质分类确定改扩建及新建项目的透水铺装率。鼓励进行雨水回用，雨水回用用途及水量根据具体项目的经济技术比较确定，促进水在城市内的人工循环过程。

（3）高蓄坡滞低缓排：沿高程分布布置不同功能的海绵设施，构建立体海绵系统。在高地布置山顶坑塘蓄积雨水，在坡地布置坡塘湿地，沿坡度较大的道路布置阶梯式回转型生物滞留带滞留雨水，在低洼处布置雨水花园等调蓄设施，在支流布置生态景观坝等调蓄设施，在入河口布置河岸湿地、植被缓冲带净化雨水。结合道路、绿地等径流通道串联海绵设施与水体。当道路坡度超过 2% 时，道路旁的生物滞留设施，宜设置阶梯式回转型挡水堰，增加径流流程及有效蓄水容积。

（4）山水绿文城相映：划定蓝绿线，串联融合生态、生产、生活空间。规划维持现状水体边界线作为蓝线，绿地边界线作为绿线，划定城中山体保护线。各类海绵设施应实现功能与景观融合，并与周边环境景观相协调，利用道路生物滞留带联通河流、绿化带及海绵设施，形成连续的、蓝绿交织的生态景观空间，与城市生产、生活空间相互融合。

（5）立体海绵惠渝州：规划综合利用地形、建筑物、构筑物的陡坡面、垂直面或挑悬的空间增加绿化量，构建"立体绿化"，与"高蓄坡滞低缓排"一起塑造具有重庆山地特色的立体海绵系统，提升城市生态环境品质。

5.4 区县海绵城市专项规划——以万州区为例

5.4.1 城市概况

万州区位于长江中上游结合部，重庆市东北部，三峡库区腹心，四川盆地东部边缘，地处东经 107°52′22″ 到 108°53′25″，北纬 30°24′25″ 到 31°14′58″ 之间，东与云阳相连，南邻石柱和湖北利川，西连梁平、忠县，北倚开县和四川省开江县，北有大巴山，东邻巫山，南靠七曜山。中心城区距重庆水路 327km，陆路 328km，下至宜昌 321km，距三峡工程三斗坪大坝 283km，位于三峡库区中部，是长江沿岸十大港口之一，万州城区依山就势，主要分布在 175m 至 350m 高程范围，沿江至山呈坡台地分布，属典型山地城市，兼具山城和江城特色。简言之即"二水分流，三岸对望，群山环城"。

2013年重庆市委四届三中全会研究部署了重庆市功能区域划分和行政体质改革工作，综合考虑人口、资源、环境、经济、社会、文化等因素，将重庆划分为都市功能核心区、都市功能拓展区、城市发展新区、渝东北生态涵养发展区、渝东南生态保护发展区五个功能区域,如图5.4.1。作为重庆"一圈两翼"发展战略中"两翼"中"渝东北翼"的中心，万州协同其他渝东北生态涵养发展区，城区以保护好三峡库区的青山绿水为重点，共同肩负起长江上游重要生态屏障的责任。

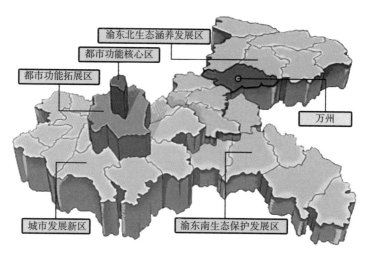

图5.4.1 万州区区位图

高铁片区位于重庆市万州区中心城区北部天城组团范围内，处于歇凤山与都历山之间，东至天城董家，西接申明坝工业园，南接周家坝组团 II 管理单元，北靠沪蓉高速公路，总规划面积 8.49km²。高铁片区作为万州重要的空间拓展区域，重要的交通枢纽、区域性商贸服务中心和宜居新城，是万州"一江四片"的重要沿江都市风貌展示区，也是落实中心城区南北拓展"一主两副"结构的核心区位。秉持创建具有滨江山水特色和历史文化底蕴深厚的现代化生态宜居城市的原则，以建设成为国家级生态园林城市为目标，按照国家法规政策，进行万州区高铁片区海绵城市专项规划编制。

5.4.2 问题及需求分析

规划区为新建区，大部分区域还处于规划建设阶段，现阶段其水文特征主要依赖于原始地形。随着规划区城市的发展，大规模的城市开发会造成规划区内水安全、水资源、水环境、水文循环的破坏，而海绵城市的理念就是在最大程度的保护现有生态环境的前提下，对城市可持续发展提供最优先的规划引领，这一系列问题都凸显了规划区内实施海绵城市的必要性。

由于规划区目前还处于规划建设阶段，海绵城市专项规划详细分析是在现有开发模式下，在城市面临的风险和可优化空间的前提下，指出更详尽的城市需求。海绵城市建设与城市开发同时规划、同时建设、同时实施，可以更有利于因地制宜地提出海绵城市建设方案，减少建成后的修建改建，为地方政府统筹该区域的建设减少后续烦恼。

1. 水生态问题及需求

（1）水体循环遭到破坏

规划区内主要河流为长生河、刘房河、龙溪河，由于人为影响，导致原始河流断流。根据现场调研显示，规划区内以上主要河流长期处于断流状态。原始天子湖湖面宽广，时为原天城片区生态景观的亮点，现状湖体长期处于干涸状态，仅丰水期湖底有细水流过，如图5.4.2。海绵城市优先利用自然排水系统与低影响开发设施，实现雨水的自然积存、自然渗透、自然净化和可持续水循环，提高生态系统的自然修复能力，维护城市良好的生态功能。海绵城市的建设，为规划区内恢复原始水循环、重现天子湖美景提供了可能。

图5.4.2 天子湖现状鸟瞰图

（2）径流控制率低

随着万州高铁片区的开发建设，现状农林用地变为建设用地，不透水地面比例的增加使得年径流总量控制率减小。在新的土地利用规划下，如果不考虑海绵城市建设理念，在传统开发模式下，区内径流控制率为40.78%，控制降雨量7.68mm，距离海绵城市建设要求中将75%（22.8mm）的降雨就地消纳的要求差距较大，各地块均无法满足。

（3）水文循环问题及需求

在未经开发的自然地表，雨水通过土壤层透水之后、经过过滤净化储藏于地表，或渗入浅水层，最终溢出变成溪水的基流，形成一个地表漫流过程，这一过程为环境带来了许多的益处。

城市化打破了水文环境的地景格局特征，大规模的城市化建设对地表结构带来干扰，导致地表结构特征产生变化，直接影响到与之相关的生态环境。同时，城市化降低了水文系统调节能力，生态系统通常都具有自我调节能力，水文系统也不例外，这种自我调节能力促使径流运动存在一定的规律性，但这种调节能力也存在极限，当超出极限后，将导致极端水文变化的出现。近年来，国内许多城市的水文数据都具有同化趋势，如暴雨出现频率增高，洪涝灾害频率增大，这些都产生于水文循环系统遭到干扰和破坏。万州高铁片区若按照传统城市开发理念进行建设，势必也会出现上述城市化对水文循环所造成的一些弊端。海绵城市的建设有利于修复城市水文循环。

1）增加降雨向土壤水的转化量

海绵城市的建设能够增加降雨向土壤水的转化量。以下凹式绿地和透水性铺装为例，采用下凹式绿地和透水铺装能够大大增加降雨渗入土壤的水量。通常绿地的径流系数为0.15，小区内传统的混凝土硬化铺装地面的径流系数为0.9，实施雨洪利用措施后，对于设计标准内降雨，绿地和透水地面的外排径流系数可降为零。一般情况下小区内绿地占30%、硬化铺装地面占35%，若绿地的截留量按10%计，仅此两部分采取雨洪利用措施后，相比不采取雨洪利用措施时降雨向土壤水的转化量，增加约160%。

2）增加地下水补给量

部分土壤水在重力作用下逐渐向下运动最终补给地下水。以北京市为例，城区的水文地质条件，渗入土壤的雨水转化为地下水的比例一般在5%~20%，平均为10%。因此，仅绿地和铺装地面采取雨洪利用措施，所增加的地下水补给量为降雨量的3.6%。

3）增加蒸散发量

下凹式绿地能够使土壤含水量增加2%~5%，使植物生长旺盛，从而增加绿地的蒸散发量为0.02~0.32mm。通过透水地面渗入土壤的雨水、铺装层吸收和滞蓄的雨水，在降雨过后会逐渐通过铺装层的孔隙蒸发到空气中。

4）有效减少径流外排量

实施雨洪利用措施能够使外排径流量大大削减，甚至能够实现对于一定标准的降雨无径流外排。

5）有利于城市河道"清水常流"

调控排放形式的雨洪利用措施可使滞蓄在小区管道和调蓄池内的雨水在降雨结束后5~10h内缓慢排走，再考虑5~10h的汇流时间，则可使城市河道的径流时间延长10~20h。使城市河道呈现出类似天然河道基流的状态，趋向于"清水常流"。

2. 水环境问题及需求

（1）城市定位

万州以保护好三峡库区的青山绿水为重点，同时也肩负起长江上游重要生态屏障的责任。高铁片区位于整个万州规划范围西北侧，属于万州城区规划"一主两副"的北部副城，以及"一江四片"的天城片区。规划区功能为：西三角经济区面向东部沿海地区的城市门户；成渝城镇群及三峡库区重要交通枢纽；"万开云"城镇群核心功能区。万州城市总规明确指出，开发建设过程中，坚持城市建设与生态建设并举，建设"城乡一体化"的区域生态安全防护系统，完善生态、生产、游憩三重层次的绿化网络系统，创建具有滨江山水特色和历史文化底蕴深厚的现代化生态宜居城市。

（2）城市面源污染特征

本规划根据中科院、西南大学及重庆大学开展的《城市区域不同屋顶降雨径流水质特征》、《山地城市暴雨径流污染特性及控制对策》、《山地城市径流污染特征分析》、《重庆市不同材质路面径流污染特征分析》、《重庆市不同材质屋面径流水质特性》、《重庆市城市居民区不同下垫面降雨径流污染及控制研究》等关于重庆市不同下垫面雨水径流水质的研究结果进行分析。

由于坡度的原因，山地城市初期冲刷效应比平原城市更为显著。降雨径流污染物质的流失率高于平原城市，能够在短时间内携带大量的污染物质，使得初期径流具有更强的污染性，可能会造成污染物浓度在短时间内急剧上升，容易导致流域水质迅速恶化。

（3）污染物入河量与环境容量对比

规划范围内的两大水系为长生河水系、龙溪河水系，最终汇入长江支流苎溪河。

本次海绵城市建设目标中，对于规划区的内河水系要求为：下游断面主要指标不低于来水指标。V类水体指适用于农业用水及一般景观要求的水域，是考量城市水体水质的重要指标之一。根据2014年万州水环境质量报告书可以看出，苎溪河整体水质情况较好，仅2013年时关塘口断面出现劣V类水体，其余年份及断面水质均优于V类水体指标。因此，将V类水体水质作为本次海绵城市建设的控制目标。经计算，规划区内雨水及其污染物削减率应满足表5.4.1要求。

污染物削减率要求表　　　　表5.4.1

类别	CODcr（mg/L）	TN（mg/L）	TP（mg/L）	NH₃-N（mg/L）
入河污染物浓度	74.16	3.55	0.38	1.95
环境容量阈值	58.85	1.97	0.19	1.36
所需污染物削减率	20.6%	44.5%	50%	30.3%

由表 5.4.1 可以看出，要使得污染物入河量小于环境容量值，所需 COD_{Cr}、TN、TP、$NH_3\text{-}N$ 污染物削减率分别为 20.6%、44.5%、50%、30.3%，水体可以达到目标水质指标，即海绵城市雨水径流污染物削减率（以悬浮物 TSS 计）≥ 50% 能满足要求。苎溪河流域最终流入长江，根据万州水环境质量报告，2014 年 3 月长江万州段水质为 IV 类水质。长江环境容量较大，该流域排入的水质虽然低于长江自身水质，但排入的水量与长江容量相比可忽略。

3. 水资源问题及需求

（1）工程性缺水

万州区地形高差较大，降水充沛，水资源的利用对水利工程的依赖性大，属工程型缺水地区。

（2）雨水利用需求分析

万州年平均降水量为 1079mm，规划区面积 8.49km²，全年降水总量约为 916.92 万 m³，降水充沛，规划区内城市绿化浇洒、道路广场冲洗需水量较大，且对水质要求较低，可充分利用雨水资源，从而达到节水目的。以提高资源利用效率为核心，以节能、节水为重点，推动城市的发展，雨水回用于城市杂用水（道路冲洗和绿地浇洒）具有较大经济效益和社会效益。

然而由于山地城市的特有地貌，其保水性并不强，大量的雨水通过硬化的路面快速排掉，造成资源浪费。通过海绵城市建设，可有效截留储蓄部分雨水，有效实现雨水的资源化利用。

规划区一年内用于道路浇洒及绿地灌溉用水量分别为：春季 213799m³、夏季 379460 m³、秋季 217686m³、冬季 206414m³。各个季度雨水收集量分别为：春季 205475 m³、夏季 303733 m³、秋季 195968 m³、冬季 28291m³。由雨水收集量与需水量对比图（图 5.4.3）可以看出，各个季度收水量占需水量百分比分别为：96.1%、80.0%、90.0%、13.7%，除冬季以外，各

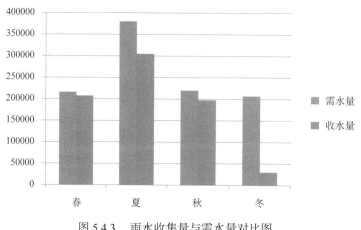

图 5.4.3 雨水收集量与需水量对比图

季度收集水量均能占到蓄水量较大百分比。因此，通过有效合理的调蓄设施，雨水回收利用量理论上能够很大程度上减轻市政供水用量，用以规划区内城市绿化浇洒、道路广场冲洗用水。

4. 水安全问题及需求

（1）模型构建

项目中对高铁片区 8.49km² 的规划范围内现状和规划排水系统进行梳理和信息集成，理清排水（雨水）系统家底，划分排水分区。在此基础上建立排水系统水力模型，进行一维、二维耦合模拟分析，评估管网排水能力，识别内涝风险区域，并进行局限性和内涝成因分析，为工程规划提供支撑，如图 5.4.4 所示。

1）信息集成与排水分区划分

规划范围为新建城区，采用雨污分流体制，分 3 区 3 年建成，如图 5.4.5 所示，其中一区 2016 年建成，二区、三区 2017 年建成。一区建成区域较多，已建管网的区域主要有天子湖两侧北部新区、万州移民就业标准厂房、康德天子湖小区、外国语学校，以及站前大道路段。塘坊至周家坝的老万开路建有污水管道，其他区域顺应自然地形排放。排水管网设施较少，随着城市拓展需要大量配建污水管网。二区、三区内排水管网覆盖率较低。据统计，已建雨水管道总长度为 8015m，主要为站前大道雨水干管，以及环天子湖移民就业厂房和康德天子湖小区。其中管径小于 800mm 的管道有 1592m，管径800 ~ 1200mm 的管道有 6093m，管径大于 1200mm 的管道有 330m，如图 5.4.6 所示。

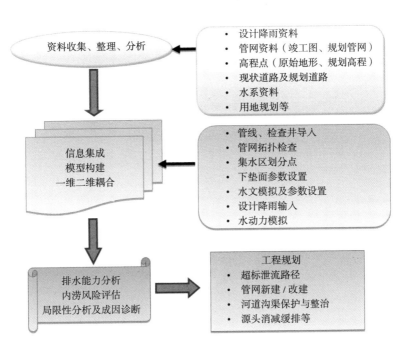

图 5.4.4 模型技术路线

图 5.4.5 万州高铁片区项目三年实施计划

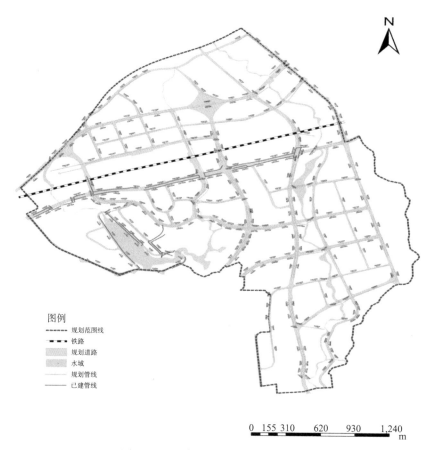

图 5.4.6 已建管网和规划管网分布图

　　根据地形高程以及雨水系统排口收集的汇水范围，对规划区划分了 6 个子流域，如图 5.4.7，各分区的面积如表 5.4.2 所示。

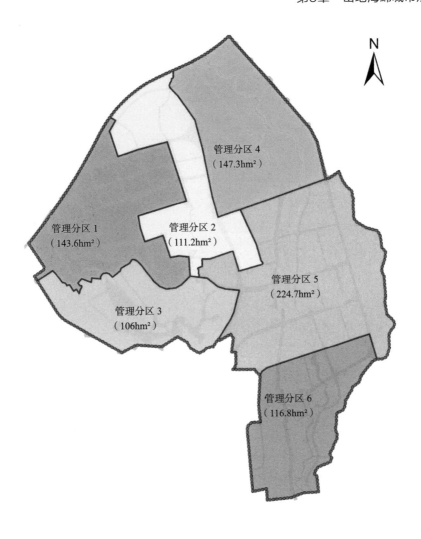

图 5.4.7 管理分区划分图

子流域面积	表 5.4.2
子流域编号	面积（hm²）
1	143.6
2	111.2
3	106
4	147.3
5	224.7
6	116.8
合计	849

2）模型网络概化

利用 ICM 模型进行管道数据拓扑检查，生成规划地形地面高程模型，综合考虑了地形高程、雨水分区、雨水管道分布等因素来划分集水区，完成模型网络概化。

3）产汇流方法

降雨产流模型采用 SCS（Soil Conservation Service，水土保持局，简称 SCS）曲线法，模拟透水与不透水下垫面的扣损和产流特征；汇流模型采用 SWMM（Storm Water Management Model，暴雨洪水管理模型，简称 SWMM）非线性水库法模拟不同集水区的地形坡度下的汇流特征，进行各集水区的动态产汇流模拟。

4）水动力方法

地表产汇流进入雨水管网系统后，在雨水管网中流动状态较为复杂。管网中的水流运动通常采用圣·维南方程组描述。

采用动力波方法对圣·维南方程组进行离散差分求解，动态模拟重力流、压力流、逆向流等水动力状态，进行动态非恒定流模拟。

5）设计降雨

模型采用的设计降雨来源于《重庆市主城区设计雨型研究》2014 的成果。

6）边界条件

规划范围内的雨水排口位于龙溪河、天子湖、刘房河的洪水位以上，排口下边界视为自由出流，不受河道水位影响。

（2）排水能力评估

《室外排水设计规范》GB50014－2006 中规定，雨水管按满管流设计。雨水管网排水能力评估将依据管段是否发生压力流而超载这一状态来进行分析。通过动态模拟 1、2、3、5 年一遇的设计暴雨下的管道水力状态，完成管网排水能力评估。如表 5.4.3，图 5.4.8～图 5.4.9。

管网排水能力评估 表 5.4.3

排水能力	长度（km）	百分比（%）
＜1 年一遇	3.90	6.80
1～2 年一遇	4.93	8.60
2～3 年一遇	2.80	4.87
3～5 年一遇	3.43	5.98
≥5 年一遇	42.31	73.74
总计	57.37	100.00

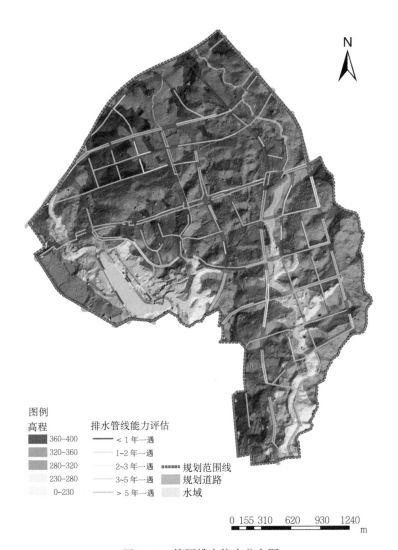

图 5.4.8 管网排水能力分布图

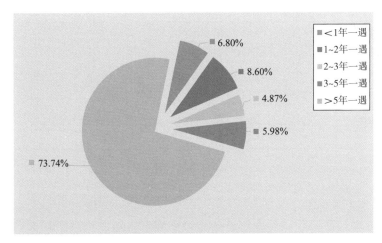

图 5.4.9 管网排水能力占比图

（3）洪涝风险评估

排水管渠系统的排水能力不能有效反映出排水系统的风险程度，这是由于排水能力评估是按照满管无压流进行评估的，而排水管网具有埋深，可以形成压力流排水。管网在排水时可产生压力流，当水力坡度线不超出地面时，管网系统不会产生溢流；当汇集更多的径流，管网超载形成压力流致使检查井水位高于地面高程时，管网系统发生溢流，形成地表积水，产生内涝风险。因而需要进行排水系统的风险评估，分析排水系统超载溢流后的积水风险。

对排水系统进行一维、二维耦合模拟，分析 50 年一遇设计暴雨下的管网系统的表现，分析地表积水范围、水深、流速和汇流路径，分析模拟结果进行内涝风险评估。

规划区的内涝风险评估将考虑以下两种组合：水力要素和影响对象。水力要素主要考虑超标降雨下积水深度、流速的组合来评估积水程度等级；影响对象主要考虑积水影响对象的防护等级。

1）积水程度分级

根据《室外排水设计规范》GB20014－2006（2014 版）中 3.2.4B 的条文解释，"地面积水设计标准"中的道路积水深度是指该车道路面标高最低处的积水深度。当路面积水深度超过 15cm 时，车道可能因机动车熄火而完全中断，将积水深度为 0.15m 作为积水程度分级的一个档级。考虑积水深度增加后对行人自救安全性的考虑，将积水深度 0.5m 作为积水程度分级的另一个档级。规划范围的山城道路具有大坡度的特点，地面积水时的汇流流速较快，冲刷作用和冲击力不能忽视，将地表积水的汇流流速 2m/s 视为一个档级。

规划范围内的积水程度分为轻微积水、轻微内涝和严重内涝 3 个等级，按表 5.4.4 进行评价。

积水程度分级标准表　　　　　　　　　　　　　　表 5.4.4

内涝等级	评价要素	
	地面积水深度	流速
轻微积水	≤ 0.15m	<2m/s
轻微内涝	0.15 ~ 0.5m	<2m/s
	≤ 0.15m	≥ 2m/s
严重内涝	> 0.5m	
	0.15 ~ 0.5m	≥ 2m/s

注：积水程度分级评价时需考虑地面积水深度和流速两个评价要素同时满足进行。

2）影响对象分级

地表积水影响对象的危害程度和防护等级不同，将地表积水影响到的对象分为重要和一般两类，按表 5.4.5 进行评价。

防护对象重要性分级表　　　　　　　　　　　表 5.4.5

防护对象重要性等级	评价要素	
	路段	地区
重要	城市主干道及以上等级道路、地铁、过江（湖）地下隧道、下穿（道路、铁路等）通道、立交桥	医院、学校、档案馆、行政中心、重要文物地、下沉式广场等重要建构筑物、交通枢纽等重要公共服务设施用地、保障性大型基础设施用地、省市防涝救灾指挥机关用地
一般	次干路和支路	其他地区

注：防护对象重要性分级评价时需考虑路段或地区任一评价要素满足进行。

3）风险分级

内涝风险考虑"积水程度分级"和"影响对象分级"的 2 种组合，风险区划分按表 5.4.6 进行评价，重庆内涝风险区可划分为低风险区、中风险区和高风险区。

内涝风险等级定义表　　　　　　　　　　　表 5.4.6

内涝等级　　　防护对象	重要地区和路段	一般地区和路段
轻微积水	中风险区	低风险区
轻微内涝	高风险区	中风险区
严重内涝	高风险区	高风险区

4）内涝风险评估

对规划范围的雨水系统进行一维、二维耦合模拟，分析 10、50、100 年一遇设计暴雨下的管网系统的表现，包括地表积水范围、水深、流速和汇流路径，分析模拟结果进行 50 年一遇内涝风险评估。50 年一遇设计降雨下，规划范围内的积水分布图见图 5.4.10 所示。

重要地区和路段高风险区域面积约为 1803.54m²，中风险区域面积为 259851.26m²；一般地段和路段高风险区域面积约为 15605.514m²，中风险区域面积为 18962.81m²，低风险区域面积为 15605.514m²。综上，高风险区域面积约为 40582.70m²，占风险区域总面积的 9.22%，占总规划面积的 0.48%；中风险区域面积约为 255640.43m²，占风险区域总面积的 58.06%，占总规划面积的 3.01%；低风险区域面积约为 144099.87m²，占风险区域总面积的 32.73%，占总规划面积的 1.70%。规划范围内的内涝风险评估统计如表 5.4.7。

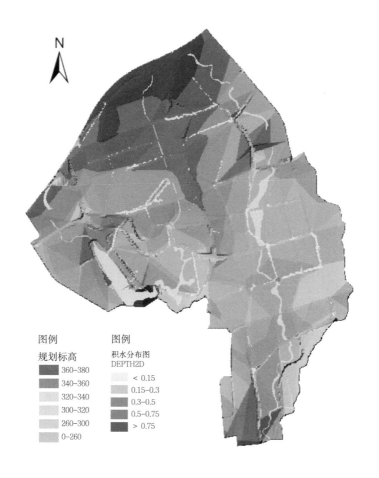

图例　　　　图例
规划标高　　积水分布图
　　　　　　DEPTH2D
　360–380
　340–360　　<　0.15
　320–340　　0.15–0.3
　300–320　　0.3–0.5
　260–300　　0.5–0.75
　0–260　　　>　0.75

图 5.4.10　积水程度分布图（50 年一遇）

规划范围内的内涝风险评估表　　　　　　　　　　　　　表 5.4.7

风险等级	面积（m²）	占积水面积百分比	占规划面积比例
低风险	144099.87	32.73%	1.70%
中风险	255640.43	58.06%	3.01%
高风险	40582.70	9.22%	0.48%
合计	440323.01	100.00%	5.19%

　　从上述风险区域占总规划面积百分比分析可见，内涝高风险区占总规划面积仅为
0.48%，无系统性内涝风险。由图 5.4.10 ~ 图 5.4.12 规划区积水程度分布和内涝风险分布
来看，内涝积水区域和内涝风险区域分散零星，多位于局部地势低洼的局部道路上，可
考虑优化道路竖向，利用山城地形优势规划泄流通道，通过局部低洼区域调蓄、上游汇
水径流源头消减和缓排、管道薄弱环节改造等综合措施降低内涝风险。

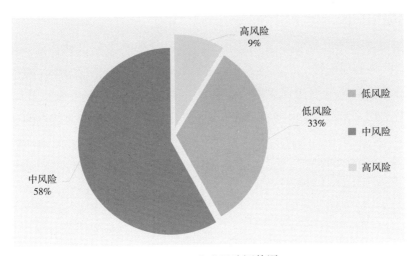

图 5.4.11 内涝风险评估图

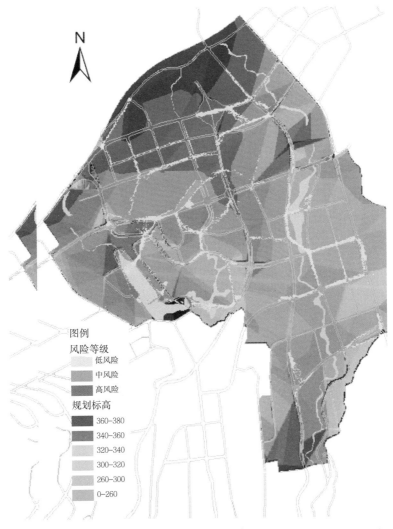

图 5.4.12 内涝风险等级图

（4）内涝成因分析

利用模型对规划区已建雨水管网和规划管网系统的水力特征和内涝风险进行模拟，分析排水系统存在的局限性，诊断内涝成因，为降低风险采取的综合措施提供支撑。

万州高铁片区高风险内涝点主要分布在天子湖周围、南广场右侧以及局部地势低洼的道路上。图 5.4.13 和图 5.4.14 为天子湖一内涝点的泄水路径和排水管网的水力坡度线。

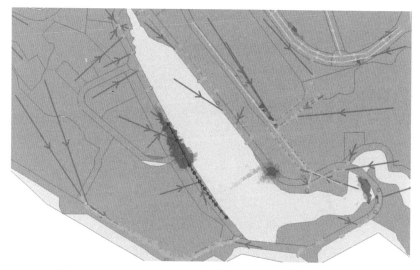

图 5.4.13　天子湖积水点在 50 年一遇降雨下地面泄水路径

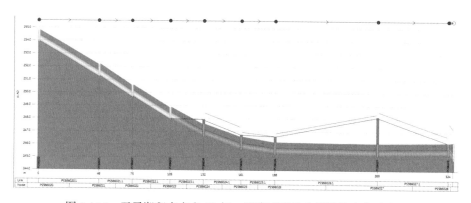

图 5.4.14　天子湖积水点在 50 年一遇降雨下排水管网的水力坡度线

以图 5.4.13、图 5.4.14 为例，分析万州高铁片区内涝点成因如下：

1）城市建设发展快，下垫面变化快，大量硬质铺装减少了雨水入渗滞留量，骤增了雨水径流量，缩短了汇流时间，短时间内形成瘦尖径流峰值，增大了管网排水压力，产生溢流的风险加大。

2）城市不断膨胀发展过程中，新增开发区域的管网不断接入原先设计的排水系统，致使转输汇水面积过大，造成原有排水系统负荷加大，暴雨期产生溢流积水。

3）传统的排水管网设计方法简单，但推理公式存有局限，当排水系统复杂汇流面积大时，由于技术误差累计导致排水系统的抗风险能力不足。

4）局部管网存在可能是施工上的不规范或设计上的不合理造成的排水瓶颈现象。

5）排水系统的维护管理上存有局限，本应排水畅通的管网系统存在堵塞、淤积、雨水箅和收水、井内被杂物堵塞等情况，加大积水风险。

6）城市用地规划缺失雨洪风险评估研究，原本适宜规划成洪涝通道、调蓄水面、低洼绿地等的地块性质未被规划配置，使原本利用自然地形调蓄地表涝水的有效设施缺失。

7）城市排水系统缺乏有效的系统管理工具，排水管网家底摸不清、理不顺的情况普遍，内涝风险降低的决策的数据基础薄弱。

5.4.3　规划目标及总体思路

1. 规划总体目标

高铁片区作为万州区的重点发展新区，其城市建设理应走在全国前列，有条件打造成为全国区县海绵城市建设的典范。按照海绵城市建设理念，坚持"生态为本、自然循环，规划引领、统筹推进，政府引导、社会参与"的基本原则，通过加强城市规划建设管理，综合采取"渗、滞、蓄、净、用、排"等措施，充分发挥建筑、道路和绿地、水系等生态系统对雨水的吸纳、蓄渗和缓释作用，有效控制雨水径流，实现自然积存、自然渗透、自然净化的城市发展方式。做到"小雨不积水，大雨不内涝，水体不黑臭，热岛有缓解"，要实现上述愿景，首先应从顶层规划转变传统规划思路，引入海绵城市理念，增强海绵城市建设的整体性和系统性，做到"规划一张图、建设一盘棋、管理一张网"，真正实现从规划指导建设。

海绵城市建设体系主要有防洪、排涝、结合城市建设的低影响开发雨水系统。国家颁发的《海绵城市建设技术指南——低影响开发雨水系统构建》提出"控制目标包括径流总量控制、径流峰值控制、径流污染控制、雨水资源化利用等，建议各地应结合水环境现状、水文地质条件等特点，合理选用其中一项或多项目标作为控制目标"。

结合万州高铁片区实际情况，万州海绵城市建设主要解决初期雨水面源污染问题，本规划采用"年径流总量控制率、年径流污染去除率、径流峰值控制、雨水资源化利用率"作为总体控制目标。

2. 规划海绵城市建设指标体系

（1）水生态指标

1）年径流总量控制率

根据各地降雨量规律及特点，《海绵城市建设技术指南》将我国大陆地区的年径流总量控制率大致分为五个区，并对各区的年径流总量控制率 α 提出了借鉴范围。其中，

Ⅰ区（85% ≤ α ≤ 90%）、Ⅱ区（80% ≤ α ≤ 85%）、Ⅲ区（75% ≤ α ≤ 85%）、Ⅳ
区（70% ≤ α ≤ 85%）、Ⅴ区（60% ≤ α ≤ 85%）。

规划区位于重庆大都市中部，属于第Ⅲ区段。其中 α 取值范围为 70% ≤ α ≤ 85%。
综合考虑示范区的降雨、下垫面等自然特征，以及生态定位、规划理念等多方面的特点，
选取高铁片区海绵城市建设区的年径流总量控制率为 75%。同时，通过统计学方法确定
年径流总量控制率 75% 对应的设计降雨量值。通过搜集整理万州区气象局提供的近 10 年
的日降雨（不包括降雪）资料，将降雨量日值按雨量由小到大进行排序（扣除小于等于
2mm 的降雨事件的降雨量后），统计小于某一降雨量的降雨总量（小于该降雨量的按真实
雨量计算出降雨总量，大于该降雨量的按该降雨量计算出降雨总量，两者累计总和）在
总降雨量中的比率，此比率（即年径流总量控制率）对应的降雨量（日值）即为设计降
雨量。经统计计算 75% 年径流总量控制率对应的设计降雨量为 22.8mm。

综上所述规划区范围内的水生态指标如下：

年径流总量控制率：≥ 75%；（年径流总量控制率：根据多年日降雨量统计数据分析计
算，经过下垫面自身消纳和 LID 设施处理后的降雨量占全年总降雨量的比例。当达到该
目标时，可保证污染物削减率达到 50% 以上。）

2）生态岸线

应该保护好现状河流、湖泊、湿地、沟渠等城市自然水体，避免"三面光"工程出现。
在有条件的情况下，生态暗线应设计为生态驳岸，并根据调蓄水位变化选择适宜的水生
及湿地植物。

3）水域率

水域率：≥ 3.8%；指承载水域功能的区域面积占区域总面积的比率。试点区域内的河
湖、湿地、塘洼等面积不得低于开发前。同时，试点区域内规划建设新的水体或扩大现
有水体的水域面积，应与低影响开发雨水系统的控制目标相协调，增加的水域宜具有雨
水调蓄功能。

4）径流峰值控制

高铁片区在 2 年一遇 24h 降雨条件下外排雨水小时峰值流量不应高于建设前水平。

（2）水环境

地表水体水质标准：根据《地表水环境质量标准》GB3838－2002 将地表水环境质量
标准基本项目标准值分为五类，不同功能类别分别执行相应类别的标准值。其中源头水
与国家自然保护区按Ⅰ类标准；集中式饮用水源地一级保护区、珍贵鱼类保护区、鱼虾产
卵场等按Ⅱ类标准；集中式饮用水源地二级保护区、一般鱼类保护区及游泳区按Ⅲ类标准；
一般工业用水区及人类非直接接触的娱乐用水区按Ⅳ类标准；农业用水区及一般景观要
求水域按Ⅴ类标准。

根据海绵城市建设要求：高铁片区内长生河、天子湖和刘房河水质不低于《地表水环

境质量标准》Ⅳ类标准，龙溪河断面主要指标不低于来水指标。

年径流污染削减率：年径流污染削减率（以总悬浮物计）不低于50%。

（3）水资源

雨水资源化利用率：是指雨水资源利用量与多年平均降雨量比值。雨水资源的合理利用即能解决城市高速发展、用水量急剧增加与供水限制之间的矛盾，同时又能减轻城市的防洪压力，改善水资源状况与水生态环境，给城市带来明显的环境与经济效益。

高铁片区新建区域雨水资源化利用率≥3%，该指标为鼓励性指标。

（4）水安全

排水防涝标准：根据《室外排水设计规范》GB50014－2012（2014版），结合万州区中心城区2020年规划人口为150万人，其人口规模属于大城市，以此确定高铁片区内涝防治重现期为50年。即万州区高铁片区在50年一遇的降雨条件下，城区不发生内涝灾害。

城市防洪标准：根据《重庆市万州城市总体规划（2003-2020）》（2011修改），高铁片区按100年一遇防洪标准设防，其中堤防护岸工程按50年一遇防洪标准设防。

5.4.4　空间格局构建及功能区划

1. 生态海绵空间布局

生态海绵空间的布局主要体现在以下两个方面：

（1）基于海绵城市建设理念，在划定的生态空间上，统筹各类大型市政公园和水体布局，实现城市与自然的和谐发展；

（2）在以生产、生活为主的社区街头优化布局绿地系统。绿地和城市空间耦合是绿地空间存在于城市中的基本方式，城市绿地作为城市结构中的自然生产力主体，在缓解城市热岛调节城市气候和协助城市应对未来气候变化中扮演着极其重要的角色。

万州高铁片区把生态优先、尊重自然的理念融入海绵城市建设总体规划中，充分识别规划区内山、水、林、田、湖等生态本底条件，营造全区域、多层次的城市开放空间，以此构建海绵城市的生态空间布局，形成"一园、两廊、三带、多点"的生态海绵空间，如图5.4.15。

1）一园

天子湖公园：天子湖位于高铁片区西南角，是长生河与刘房河的汇流点，控规面积25.03hm²。现状天子湖水量小，湖体呈干涸状态。未来拟将原天子湖打造成阶梯式生物滞留带为主的大型生态海绵设施，湖体蓄水，恢复原有生态风貌。未来天子湖公园将以其周围分布的天然绿地为驳岸，充分利用湿地的水体净化功能，对流经该湖泊的水体进行生态修复。同时利用其本身的水体容积，起到收水蓄水的功能。与景观布局相结合，同时达到美化区域自然景观，净化区域水质，蓄积水资源的效果。

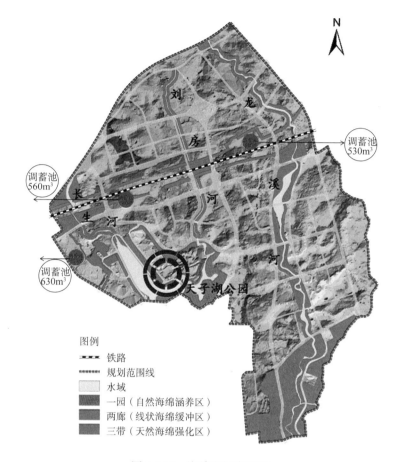

图 5.4.15　海绵空间布局图

2）两廊

防护绿地绿廊：渝万城际铁路两侧防护绿地，形成两条天然防护绿地廊道，面积 35.35 hm²。通过设置打造雨水塘、阶梯式生物滞留带、下凹式绿地、溢流排水改造、增设植被过滤带、雨水湿地或者调节池等生态海绵设施，减少城市道路污染，同时形成城市沿路景观廊道。

3）三带

龙溪河、长生河、刘房河滨水景观带：流经高铁片区区域内的龙溪河、长生河、刘房河，两侧均布有防护绿地。由北至南，形成带式空间分布，面积 49.67hm²。未来拟对区域内河防护绿地打造生态滨水景观带为主的大型生态海绵设施，沿途加载自然景观与生态护岸，对汇入河流内的雨水进行过滤净化。恢复河道蓄水，形成以滨水景观为特色的城市内河风景带。

4）多点

地块海绵设施分散布置：根据《重庆市城乡规划绿地与隔离带规划导则》，高铁片区各地块规划用地均需满足最低绿化率要求，是城市专门用以改善生态，保护环境，为居民提供游憩场地和美化景观的绿化用地。规划拟对各个地块分别设置生物滞留带、绿色屋顶、透水铺装等分散式海绵设施。建筑与小区内外点状分布的公园绿地，道路防护绿地，均可打造成为小型生态海绵设施。

以上四个层次的开放空间层次清晰、架构分明，既是城市的灵动空间、人的休憩场所，更是区域内雨水循环利用的重要载体。通过建筑与小区对雨水应收尽收、市政道路确保绿地集水功能、景观绿地依托地形自然收集、骨干调蓄系统形成调蓄枢纽，形成四级雨水综合利用系统，达到对雨水的"渗、滞、蓄、净、用、排"，实现雨水全生命周期的管控利用。

2. 生态功能区布局

以上四个层次的开放空间，根据各生态海绵空间所发挥功能，以上"一园、两廊、三带、多点"功能区生态功能分别为：自然海绵涵养区、线状海绵缓冲区、天然海绵强化区、建筑海绵提升区。

（1）自然海绵涵养区

自然海绵涵养区，主要是指自身水体消纳容积大，生态敏感度高，自身海绵功能全面的区域，高铁片区内天子湖公园海绵生态功能区是区域海绵系统的重要涵养区。该区域作为两条内河的汇集点，具有极高的生态服务功能。由于该区域自身具有较高的海绵生态功能，功能区内应以生态涵养和生态保育为主，严格控制在该区域内进行各类开发建设活动，加大生态环境综合治理力度。同时充分利用天然海绵体，加上阶梯式生物滞留带、雨水湿地等海绵设施，强化水体净化功能，增大湖体调蓄容积。

（2）线状海绵缓冲区

整个高铁片区地势由北至南逐渐降低，作为横穿整个高铁片区的渝万城际铁路沿线绿地廊道，是区域内自然水体流至江河水体的必经之路，沿线布置海绵设施，可以起到缓冲水量对下游冲击的作用。缓冲区内生态敏感度较高，容易受到雨水冲击的影响，应适当控制开发规模和强度。由于区域内受纳上游大面积的客水，加上模型模拟区域内的地块径流控制率，规划缓冲区内需修建两座容积分别为 560m³、530m³ 的调蓄池。

（3）天然海绵强化区

天然海绵强化区主要是指有较大海绵潜力，但需在开发建设时对区域进行目的性改造，强化其自身海绵体收集水、净化水的能力。龙溪河、长生河、刘房河自身具有较大的水容积，其沿线两岸的防护绿地，具有打造成天然的滨水景观带的潜力。然而，由于无规则开发对区域水系的破坏，导致现状河流断流。规划需恢复河流水系蓄水，并沿河流及岸线设置生态驳岸、阶梯式生物滞留系统、透水铺装等海绵设施，强化区域内水系及其沿岸护坡形成带状生态廊道。

（4）建筑海绵提升区

建筑与小区、城市广场等区域自身对于自然水的控制处理功能较低，开发建设时需与海绵设施同时实施，提升建筑地块海绵处理能力。由于建筑小区天然海绵体较少，需利用社区公园、小区绿地等蓄水净水能力较大的区域对整个建筑地块的海绵能力进行提升，同时结合绿色屋顶等建筑 LID 设施，综合提升各管理分区的海绵能力。

以上四个海绵功能区在生产运行过程中相互依托，分工明确。区域内形成完整的收集水、净化水、输送水、储存水、利用水的生态系统。借助自然力量，让城市如同生态"海绵"般舒畅地"呼吸吐纳"。

5.4.5 建设规划

1. 径流控制工程

1）道路工程

依据万州区高铁片区控规用地指标及道路低影响设施设置面积比例，确定高铁片区道路低影响开发工程。经统计，道路低影响开发项目共计 78 个项目，其中生物滞留设施面积共计 14.85 hm²，透水铺装总面积共计 17.82 hm²。

2）建筑工程

高铁片区范围内实施居住建筑低影响设施项目共计 136 个，生物滞留设施面积共计 44.16 hm²，绿色屋顶面积共计 42.05 hm²，透水铺装面积共计 75.15 hm²。

3）绿地工程

高铁片区范围内实施居住建筑低影响设施的项目共计 79 个，生物滞留设施面积共计 8.9 hm²，透水铺装面积共计 6.5 hm²。

4）径流控制工程指标评估

海绵城市建设下区域内径流总量控制率为 75.33%，满足管控要求年径流总量控制率为 5% 的指标要求。

2. 水生态系统工程

规划区内河流现状呈干涸状态，规划拟对河流水系进行恢复。由于高铁片区河流水源补给基本来自于自然降水，且自然降水年内分布不均，规划水系的水量保障问题较突出，因此需对规划水系水量进行分析，提出相应的补水方案，达到以下目的：保证新区内集中水面水位控制在一定范围内，并具有适宜的换水周期；保证主要景观水系河道具有较长的连续水面，重要景观节点具有较强的亲水性；保证一般河道丰水季节具有较长的连续水面，枯水季节能够满足最小生态需水量。

（1）降水补给量核算

根据余家站 1970 ～ 2010 年 41 年的年径流统计，采用 $P \sim Ⅲ$ 型曲线适线确定统计参数。

经频率计算,多年平均流量 $7.51m^3/s$,多年平均径流深 648.9mm。根据余家站年内分配计算多年平均逐月径流深。多年平均逐月降水量及径流深度如表 5.4.8 所示。

规划区多年平均径流深表　　　　　　　表 5.4.8

月份	1	2	3	4	5	6	7	8	9	10	11	12	全年
径流深度（mm）	7.5	7.3	14.4	44.8	84.1	128.1	118.1	67.0	84.1	56.6	25.8	11.1	648.9

由多年平均逐月径流深可以看出,规划区年内降水分布极为不均,每年 4～10 月为丰水期,降水总量约占全年的 89.8%,其余 5 个月为枯水期,降水总量仅占全年的 10.2%。

根据各水系汇水面积可核算由自然降雨产生的汇水补给量,如表 5.4.9 所示。

主要河流月平均降水补给量表（单位:万 m^3）　　　　表 5.4.9

名称	汇水面积（hm^2）	月份												全年
		1	2	3	4	5	6	7	8	9	10	11	12	
龙溪河	18.53	13.9	13.5	26.7	83.0	155.7	237.4	218.9	124.2	155.7	104.9	47.8	20.6	1202.4
长生河	16	12.00	11.68	23.04	71.66	134.48	205.01	189.03	107.21	134.48	90.56	41.29	17.76	1038.2
刘房河	4.1	3.08	2.99	5.90	18.36	34.46	52.54	48.44	27.47	34.46	23.21	10.58	4.55	266.05
合计	38.63	29.0	28.2	55.6	173.0	324.7	495.0	456.4	258.8	324.7	218.7	99.7	42.9	2507

规划区域内河流自然条件下月平均径流量如下表 5.4.10 所示。

主要河流自然条件下月平均径流量（单位:m^3/s）　　　　表 5.4.10

名称	汇水面积（hm^2）	月份												全年
		1	2	3	4	5	6	7	8	9	10	11	12	
龙溪河	18.53	0.053	0.052	0.102	0.316	0.593	0.904	0.833	0.474	0.594	0.340	0.182	0.078	0.38
长生河	16	0.046	0.044	0.088	0.273	0.512	0.781	0.719	0.408	0.512	0.345	0.157	0.068	0.33
刘房河	4.1	0.012	0.011	0.023	0.070	0.131	0.199	0.184	0.104	0.131	0.088	0.041	0.017	0.08

（2）水系需水量核算

1）蒸发量

万州城区内多年平均蒸发量约 650mm,根据余家站统计数据,规划高铁片区多年平均蒸发量约 620mm,蒸发量的季度变化与年降水量的季度变化大体一致。由于相对于河流水量而言蒸发量较小，故仅以丰水期和枯水期区分，丰水期蒸发率为 2mm/d，枯水期为 0.4mm/d。

2）渗透量

规划区内土层以黏土和粉质黏土居多，属弱渗透性土质，渗透速度较小，符合达西渗透定律，即渗透量计算公式为：$Q_渗 = \dfrac{kAi}{100}$。根据相关工程设计报告中通过钻孔提水实验得到渗透系数约为 $8 \times 10.5 \sim 1.2 \times 10.4$cm/s；因此选取 k 为 1×10^{-4}cm/s，i 为 0.1，则日渗透水深约为 8mm。

3）景观需水量

景观需水量主要考虑各主要河流保持一定的水深及流动水体所需水量，计算景观需水量时需分为有挡水设施和无挡水设施两种情况。

无挡水设施时，采用明渠均匀流计算，枯水期保证 $0.2 \sim 0.3$m 水位，丰水期保证 $0.4 \sim 0.6$m 水位。

有挡水设施时，河道景观水量计算主要根据各河道挡水坝前流动水位高程进行分析，采用宽顶堰流计算公式：

$$Q = \sigma_c m b \sqrt{2g} H_0^{\frac{3}{2}}$$

Q——流量（m³/s）；

σ_c——侧收缩系数；

m——自由溢流的流量系数，与堰型、堰高等边界条件有关；

b——堰孔净宽（m）；

H_0——包括行进流速的堰前水头（m），即 $H_0 = H + (V_0^2/2g)$（m）。

枯水期保证 $0.6 \sim 0.8$m 水位，堰上水深保证 $0.01 \sim 0.02$m；丰水期 $0.8 \sim 1.0$m 水位，堰上水深至少 0.02m。

枯水期景观需水量：

枯水期无挡水设施时，水系景观需水量总计为 101 万 m³/d；有挡水设施时，景观需水量总计为 0.868 万 m³/d，远远小于无挡水设施时的需水量，详见表 5.4.11 和 5.4.12。

枯水期无挡水设施时主要河流景观流量表   表 5.4.11

名称	平均坡降 i	粗糙度 n	上口宽 B（m）	水深 h（m）	流量（m³/s）	日需水量（m³）
龙溪河	0.022	0.04	15	0.2	3.72	321232
长生河	0.042	0.04	12	0.2	4.09	353540
刘房河	0.031	0.03	10	0.2	3.89	336032
合计	——	——	——	——	11.70	1010804

枯水期有挡水设施时主要河流景观流量表　　　　表 5.4.12

名称	平均坡降 i	粗糙度 n	上口宽 B(m)	水深 h(m)	堰上水深 H_0(m)	流量 (m³/s)	日需水量 (m³)
龙溪河	0.022	0.04	15	0.6	0.015	0.039	3390
长生河	0.042	0.04	10	0.6	0.02	0.040	3480
刘房河	0.031	0.03	8	0.6	0.015	0.021	1808
合计	——	——	——	——	——	0.100	8678

丰水期景观需水量：

丰水期无挡水设施时，水系景观需水量总计为 315 万 m³/d；有挡水设施时，景观需水量总计为 1.29 万 m³/d，远远小于无挡水设施时的需水量，如表 5.4.13 和 5.4.14。

丰水期无挡水设施时主要河流景观流量表　　　　表 5.4.13

名称	平均坡降 i	粗糙度 n	上口宽 B(m)	水深 h(m)	流量 (m³/s)	日需水量 (m³)
龙溪河	0.022	0.04	15	0.4	11.63	1004795
长生河	0.042	0.04	12	0.4	12.75	1101338
刘房河	0.031	0.03	10	0.4	12.07	1042605
合计	——	——	——	——	36.44	3148737

丰水期有挡水设施时主要河流景观流量表　　　　表 5.4.14

名称	平均坡降 i	粗糙度 n	上口宽 B(m)	水深 h(m)	堰上水深 H_0(m)	流量 (m³/s)	日需水量 (m³)
龙溪河	0.0472	0.04	15	0.8	0.02	0.060	5220
长生河	0.0691	0.04	12	0.8	0.02	0.048	4176
刘房河	0.043	0.03	10	0.8	0.02	0.040	3480
合计	——	——	——	——	——	0.149	12875

景观需水量分析：

根据水系需水量分析可知，如果不设置挡水设施，河流景观需水量过大，即使补水也无法满足，因此河道需设置挡水设施，用以保证重要景观河段实现局部连续水面。

因此，水系需水量按照有挡水设施计算。计算规划区内主要河流需水量结果如表 5.4.15 所示。

主要河流需水量计算结果（含集中水面）（单位：m³/d）　表 5.4.15

河流名称	丰水期				枯水期			
	蒸发量	渗透量	景观需水	总需水	蒸发量	渗透量	景观需水	总需水
龙溪河	159	119	5220	5498	32	119	3390	3541
长生河	266	19	4176	4461	53	19	3480	3552
刘房河	100	30	3480	3610	20	30	1808	1858
合计	526	168	12875	13569	105	168	8678	8951

（3）水系缺水量核算

考虑规划区内部湖库充分发挥水量调蓄功能，根据降水补给量和需水量计算主要河流缺水量。

分析可知，规划区整体水系在枯水季节 11 月～次年 3 月均可以依靠自然降水维持最小流量。丰水季节，河道有较多余水量，可维持堰上 0.05～0.08m 的水深，河道换水周期维持在 1 天左右，可以保障水环境的健康。虽然刘房河在 12～2 月份有缺水，但缺水量较少，可通过上游双堰水库放水进行补充。整体来看，规划区水系水量有保障，如表 5.4.16。

主要河流逐月平均日缺水量（单位：m³；值为正代表区域不缺水）　表 5.4.16

名称	枯水期					丰水期						
	11 月	12 月	1 月	2 月	3 月	4 月	5 月	6 月	7 月	8 月	9 月	10 月
龙溪河	12178	3221	1028	906	5231	21787	45707	72562	66475	35323	45707	28985
长生河	10021	2287	394	288	4023	19099	39753	62941	57685	30786	39753	25314
刘房河	1620	-362	-847	-874	83	2427	7720	13662	12315	5422	7720	4020
合计	23819	5146	575	320	9337	43313	93180	149165	136475	71531	93180	58319

3. 水安全系统规划

构建管网模型对现状排水防涝体系和规划排水管网系统进行分析，识别内涝积水区域。建设"源头控制、排水系统工程、城市大排蓄系统"三级排水防涝体系，对现状排水防涝体系进行改造提升，消除内涝积水点，全面提升示范区的水安全标准。

针对以上分析得出的水安全问题，分别从源头控制、排水系统工程、城市大排蓄系统三方面规划相应工程方案，以解决水安全问题。最终，将规划方案概化，并输入排水模型中，用于评估水安全问题是否解决。

高铁片区水安全规划工程方案包括源头低影响开发雨水系统工程、市政排水系统工程（管网优化与改造）、城市大排蓄系统工程（超标雨水泄流通道、内河治理措施）。

（1）源头低影响开发雨水系统工程

根据径流控制低影响开发工程量统计，其中生物滞留设施面积共计 66.69 hm²，绿色屋顶共计 42.01hm²，透水铺装面积共计 99.47hm²。

为提升万州高铁片区新建地块径流峰值控制能力，采用万州高铁片区 2 年 24h 降雨资料输入至海绵城市规划下的排水管网模型中进行径流计算，以确定在连续降雨下峰值流量不超过未开发前地块所需控制的峰值容积（含低影响开发设施中的可调蓄容积）。其中万州高铁片区内管理单元的径流峰值控制容积如表 5.4.17 所示。

高铁片区管理单元峰值控制容积统计表   表 5.4.17

分区编号	名称	总面积（m²）	峰值控制容积（m³）
1	长生河分区	143.6	605
2	刘房河分区	111.2	1
3	天子湖分区	106	631
4	龙溪河上段	147.3	532
5	龙溪河中段	224.7	0
6	龙溪河下段	116.8	5
总计	—	849.6	1773

（2）市政雨水系统工程

高铁片区本次规划目前为雨污分流制，对于现状不满足雨水重现期要求的管线，增加管径改建雨水管道；对于规划区域管线不满足雨水重现期要求的管线，提出修改规划管线管径的建议。各分区改造情况如下。

1）长生河分区

根据需要修改管网管径，长生河分区需改造的管网均为规划管网，共 1501.16m，如表 5.4.18 所示。

长生河雨水管网改造方案   表 5.4.18

序号	类型	名称	改造管径	长度（m）
1	规划	DN600	DN 700	150.61
2	规划	DN700	DN 800	490.09
3	规划	DN 800	DN 900	255.91
4	规划	DN 900	DN 1000	252.74
5	规划	DN 1000	DN 1100	351.81

2）刘房河分区

刘房河分区规划管网占大部分，需改造的管网共 1396.651m，如表 5.4.19 所示。

天子湖分区雨水管网改造工程量表　　　　　　　　　　表 5.4.19

序号	类型	名称	改造管径	长度（m）
1	规划	DN 600	DN 1000	221.2597
2	规划	DN 700	DN 1000	183.3213
3	规划	DN 800	DN 1000	81.6944
4	规划	DN 900	DN 1200	266.13
5	规划	DN 700	DN 900	96.6656
6	规划	DN 700	DN 800	248.03
7	现状	DN 1000	DN 1100	299.55

3）天子湖分区

天子湖分区中，现状管网较多，雨水排水管网小于 5 年一遇的管线较多，同时现状管线存在管线布置存在上游管底高程比下游管底高程低的现象，需要改变坡度。天子湖需改造的管网共 3453.2m，如表 5.4.20 所示。

天子湖分区雨水管网改造工程量表　　　　　　　　　　表 5.4.20

序号	类型	名称	改造管径	长度（m）	备注
1	现状	DN 500	DN 800	249.3	改建管网的坡度，PS586026-PS586028 的坡度大于 0.005
2	现状	DN 500	DN 800	166.4	
3	现状	DN 500	DN 1200	182.5	
4	现状	DN 500	DN 800	293.3	
5	现状	DN 500	DN 800	84.9	增加 PS586053-PS586049 段坡度，使其不小于 0.005
6	现状	DN 500	DN 800	1000	
7	现状	DN 500	DN 900	60.8	增加 PS580918-PS580919 段坡度，使其与地面坡度相同
8	现状	DN 500	DN 800	170.99	
9	规划	DN 600	DN 700	574.5	
10	规划	DN 900	DN 1000	100.5	
11	规划	DN 800	DN 900	254.1	
12	规划	DN 800	DN 1000	133.9	
13	规划	DN 1000	DN 1200	310.6	
14	规划	DN 800	DN 1200	42.4	

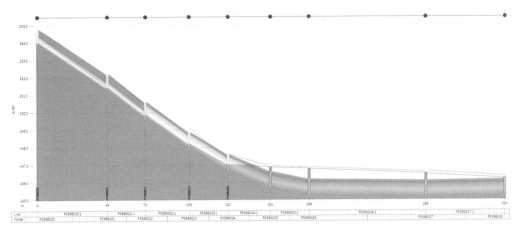

图 5.4.16　管线断面图 1PS586026-PS586028

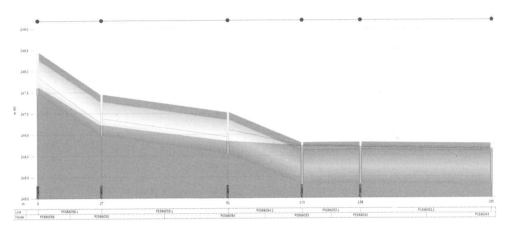

图 5.4.17　管线断面图 2PS586053-PS586049

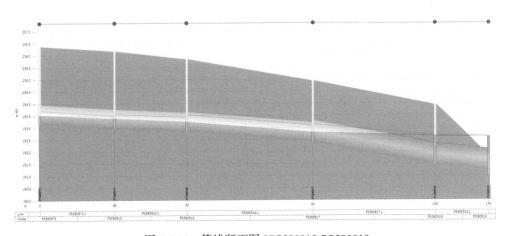

图 5.4.18　管线断面图 3PS580918-PS580919

4）龙溪河上段

龙溪河分区规划管网占大部分，需改造的管网共 2699.25m，如表 5.4.21 所示。

龙溪河上段雨水管网改造工程量表

表 5.4.21

序号	类型	名称	改造管径	长度（m）
1	现状	DN 600	DN 800	243.4999
2	现状	DN 1000	DN 1200	129.6999
3	规划	DN 700	DN 900	203.04
4	规划	DN 600	DN 700	300.671
5	规划	DN 800	DN 900	139.03
6	规划	DN 800	DN 1200	131.084
7	规划	DN 700	DN 900	380.465
8	规划	DN 1000	DN 1200	181.85
9	规划	DN 700	DN 800	475.29
10	规划	DN 600	DN 800	351.42
11	规划	DN 700	DN 900	163.21

5）龙溪河中段

龙溪河中段均为规划管网，需改造的管网共 5697.69m，如表 5.4.22 所示。

龙溪河中段雨水管网改造工程量表

表 5.4.22

序号	类型	名称	改造管径	长度（m）
1	规划	DN 600	DN 800	648.09
2	规划	DN 700	DN 900	339.2
3	规划	DN 6800	DN 1000	379.62
4	规划	DN 700	DN 900	206.28
5	规划	DN 800	DN 1100	284.65
6	规划	DN 700	DN 1000	307.57
7	规划	DN 600	DN 700	264.83
8	规划	DN 700	DN 1000	367.11
9	规划	DN 600	DN 900	375.55
10	规划	DN 700	DN 1000	427.76
11	规划	DN 900	DN 1200	397.18
12	规划	DN 600	DN 700	1147.84
13	规划	DN 900	DN 1000	145.1
14	规划	DN 900	DN 1200	135.14
15	规划	DN 1000	DN 1300	271.77

6）龙溪河下段

龙溪河下段均为规划管网，需改造的管网共 869.2998m，如表 5.4.23 所示。

龙溪河下段雨水管网改造工程量表　　　　　表 5.4.23

序号	类型	名称	改造管径	长度（m）
1	规划	DN 600	DN 800	402.5098
2	规划	DN 600	DN 900	466.79

（3）城市大排蓄系统工程

规划的排水管渠与低影响雨水径流源头消减措施提升了系统应对内涝风险的能力，但应对 50 年一遇的设计降雨部分流域还存在残余的风险区域。模拟管渠规划工程实施后 50 年一遇设计暴雨下的一维、二维耦合模型，分析地表积水顺着地形的汇流路径，规划地表涝水的行泄通道，疏导积水汇入河道、湖库、水塘、下凹绿地、低洼广场等行洪、调蓄、临时调蓄设施降低风险。规划的行泄通道将结合城市规划、旧城改造、道路改扩建、地形测量优化实施，各分区的行泄通道如表 5.4.24 所示。

内涝设施建设一览表　　　　　表 5.4.24

流域名称	内涝点位	积水面积（m²）	积水平均深度（m）	积水量（m³）	内涝解决措施
长生河分区	——	——	——	——	——
天子湖分区	内涝点 1	9505	1.08	10135	该处作为泄水通道，由于该处位于天子湖旁，在道路旁修建排水涵洞，将水收集直接排入天子湖
	内涝点 2	4412	0.51	2249	该处作为泄水通道，由于该处位于天子湖旁，在道路旁修建排水涵洞，将水收集直接排入天子湖
刘房河分区	内涝点 3	18338	0.24	4440	该处位于小区内部，由于是规划地区，建议场地平整时考虑将其填平，留有一定坡度，如不方便增设一条 DN1200 排水管道，长 300m
龙溪河上段	内涝点 4	4208	1.2	5068	该处位于道路旁，增设 DN1200 排水管线，排入龙溪河

流域名称	内涝点位	积水面积（m²）	积水平均深度（m）	积水量（m³）	内涝解决措施
龙溪河中段	内涝点5	947	0.18	172	增设雨水口，新建DN800的排水管，排入龙溪河
	内涝点6	4226	0.27	1140	增设雨水口，修建雨水涵洞，排入龙溪河
龙溪河下段	内涝点7	2097	0.29	609	增设雨水口，新建DN800的排水管，将水排入龙溪河
	内涝点8	1980	0.44	892	增设雨水口，修建雨水排水涵洞，排入龙溪河

4. 水资源系统规划

在城市建设区充分利用湖、塘、库、池等空间滞蓄雨洪水，用于城市景观、工业、农业和生态用水等方面，可有效缓解高铁片区水资源不足的现实问题。根据水资源问题及需求研究可知，高铁片区的总的可利用雨水量为73.35万m³。可在高铁片区的部分地区建设雨水罐和雨水调蓄池，将调节和储存收集到的雨水，回用于绿化浇灌、道路清洗或景观水体补水。雨水利用流程如下：

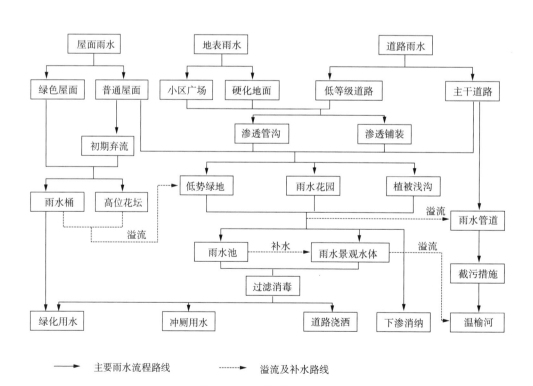

图 5.4.19　雨水利用流程图

（1）居住用地雨水的收集与利用

对于居住用地雨水的收集利用，可分为有调蓄水景小区和无调蓄水景小区。有调蓄水景小区，一般面积较大，应优先利用水景收集调蓄区域内雨水，同时兼顾雨水渗蓄利用及其他措施。将屋面及道路雨水收集汇入景观体，并根据月平均降量、蒸发下渗以浇洒和绿化用水量来确定水体的体积，对于超标准雨水进行溢流排放。如果以雨水径流削减及水质控制为主，可根据地形划分若干个汇水区域，将雨水通过植被浅沟导入雨水花园或低势绿地，进行处理、下渗，对于超标准雨水进行溢流排放至市政管道。如果以雨水利用为主，可以将屋面雨水经弃流后导入雨水桶内进行收集利用，道路及绿地雨水经处理后导入地下雨水池进行收集利用。

图 5.4.20　居住用地的雨水的收集利用示意图

（2）公用及商业设施用地雨水的收集与利用

对于公用及商业设施用地雨水的收集利用，降落在屋面（普通屋面和绿色屋面）的雨水经过初期弃流，可进入高位花坛和雨水桶，并溢流进入低势绿地，雨水桶中雨水作为就近绿化用水使用。降落在道路、广场等其他硬化地面的雨水，应利用可渗透铺装、低势绿地、渗透管沟、雨水花园等设施对径流进行净化、消纳，超标准雨水可就近排入雨水管道。在雨水口可设置截污挂篮、旋流沉沙等设施截留污染物。经处理后的雨水一部分可下渗或排入雨水管，进行间接利用；另一部分可进入雨水池和景观水体进行调蓄、储存，经过滤消毒后集中配水，用于绿化灌溉、景观水体补水和道路浇洒等。

图 5.4.21　公用及商业设施用地雨水的收集利用示意图

（3）道路雨水的收集与利用

对于道路雨水的收集利用，除了可在道路红线内布置低势绿地、植被浅沟等处理措施外，还可在道路红线外的公共绿地中设置形式多样的措施组合，如分散式的雨水花园、低势绿地、植被浅沟，以及集中式的雨水湿地、雨水塘、多功能调蓄设施来对道路雨水进行处理与利用，减少道路径流污染后排入河道，同时增加雨水的下渗量，形成林水相依的道路景观。

5. 水环境系统规划

海绵城市建设对水环境治理有很高的要求，根据前面可知，面源污染控制率需达到50%。通常造成区域水环境污染的因素主要是点源污染和面源污染。现对区域内点源、面源污染提出针对性策略，通过构建"源头、过程、末端"三层控制系统削减面源污染物，把污染物消纳在规划范围内，减轻地表水环境的压力。

（1）点源污染物控制方案

通常区域内造成点源污染的原因主要是排水管网的错接漏接，雨水管网、污水管网分流不彻底，不合理的设置排污口等原因。由于高铁片区为规划建设区域，建成区面积约59.8hm²，仅占规划区面积的7％。建成区内已建管网均采用雨污分流制排水，为防止点源污染对区域水环境造成破坏，对区域后期建设及管理提出以下建议：

1）彻底采用雨、污分流排水体制；

2）禁止污水直接排入水体；

3）加快区域污水处理厂的建设，新区生活污水集中处理率要求达到95％以上；

4）规划区内垃圾堆放实行严格的管理，禁止向河道倾倒垃圾。

（2）面源污染物控制方案

1）源头低影响开发（LID）设施的构建

高铁片区面源污染治理源头低影响开发（LID）设施工程前文所述，源头低影响开发设施可以有效地削减地表径流污染物。

2）过程生态措施整治水系

通过构造多自然型河流，维护河流本身所具有的生物生息繁殖的环境，构筑丰富的自然生态环境，使河流具有完整的食物链和生态结构，实现河流生态的健康与可持续。可通过种植净水型水生植物、投放水生动物进行河道生态修复，重建河流生态系统，提高水体自净能力。利用植物根系吸收水分和养分的过程来吸收、转化污染河流中的污染物，达到清除污染、保护水环境的目的。一般情况下，净化能力的大小是：沉水植物＞漂浮植物和浮叶植物＞挺水植物，根系发达的植物＞根系不发达的植物。植物种类的选择需遵循适应性原则、本土性原则、净化能力原则、可操作性原则等，结合原来水生植物种类，进行恢复先锋物种的选择。常用的河道修复漂浮植物包括凤眼莲、浮萍、满江红、大漂、水花生、紫萍等，常用的挺水植物如芦苇、香蒲、灯芯草、菰等，沉水植物主要选择水体本土物种。

规划根据河流水系不同断面形式针对性提出生态整治方案，高铁片区各河流断面形式如下：

龙溪河：规划河道为梯形断面，河道断面宽度最小为15m，岸坡多为生态斜坡及绿地。少部分因规划用地较为紧张及修建景观小品，需修建小挡墙。河道堤岸与河床高差约2.5m，堤岸低于地面至少0.5m，满足行洪安全与场地排水要求。河道穿越道路处基本为涵洞形式，需预留充足的行洪断面。

长生河：长生河水系在本规划区范围内主要为天子湖，天子湖上游水面宽度10m左右。天子湖公园，水面面积有123366m²，属于大湖面的水体景观。设计主要对岸坡进行绿化并对河道行洪卡口及两岸堆积生活垃圾进行清除，对影响水体生态环境的河底淤泥进行清淤疏浚。

刘房河：刘房河汇水面积较小，规划区内长度约3.19km，本水系的水面面积有27483m²，同属于大湖面的水体景观。规划河道断面为梯形，岸坡多为生态斜坡、阶地及绿地，主要以现状岸坡地形地质特点而确定，辅以景观小品。上口控制宽度不小于 10m，考虑城市雨水排放要求，复式断面底部最小控制宽度为 5m，河道堤岸与河床高差约 2.5m。

根据以上河流不同断面形式，对项目区内 3 条河道进提出如下生态整治措施，其内容及费用估算见表 5.4.25。

规划河段整治内容及费用估算   表 5.4.25

序号	河流名称	河道长度	整理长度	工程整治措施
		km	m	
1	长生河	1.76	2500	生态斜坡 + 绿地
2	刘房河	3.19	4750	生态斜坡 + 阶地 + 绿地 + 景观小品
3	龙溪河	5.3	6670	硬质小挡墙基础 + 斜坡绿地
合计			13920	——

（3）末端雨水调蓄

城市水体包括塘、湖泊、河道等。根据水体周边地块的场地条件，基于合适的雨水利用、峰值流量削减等雨水径流控制目标，针对低影响开发措施种类和规模决策低影响开发措施空间布局与水体衔接，落实海绵城市指标。

1）充分利用现有自然水体建设湿塘、雨水湿地等具有雨水调蓄、净化功能的低影响开发设施，湿塘、雨水湿地的布局、规模应与城市上游雨水管渠系统和超标雨水径流排放系统及下游水系相衔接。

2）规划建设新的水体或扩大现有水体的水域面积时，应该与低影响开发雨水系统的控制目标相协调，增加的水域宜具有雨水调蓄功能。

3）现有湖泊可通过构建环湖湿地、控制多种水深、引入本地水生物种的方式提高湖泊水生态系统的健康性和稳定性。

以生态湖泊建设为例：环湖建立湖滨天然湿地，利用在湿地中生长的动物、植物、细菌形成食物链，吸附、截留、降解水体中的污染物质，恢复水体生态系统，维护生物多样性，提高水体的自净能力。湖滨湿地由陆生草本及木本植物、挺水植物、浮水植物、沉水植物、浮游动植物、藻类等组成，以高等水生及湿生植物为主，水体的自净能力强。

湖底应依照自然形态，由湖岸向湖心自然加深，形成漫滩至浅水、深水的自然过渡，浅滩区水深在 0.5m 左右，浅水区水深在 0.5 ~ 1.5m，深水区在 1.5 ~ 3m，不同的水深适宜不同的水生植物和动物的生长，利于提高生物多样性和水体自净能力，同时利于构建由不同水生植物构成的多种水景观。逐步引入多种本地水生植物和动物，形成"植物—动物—微生物"的良性生态循环系统，逐步建立完善的湖沼生态系统。

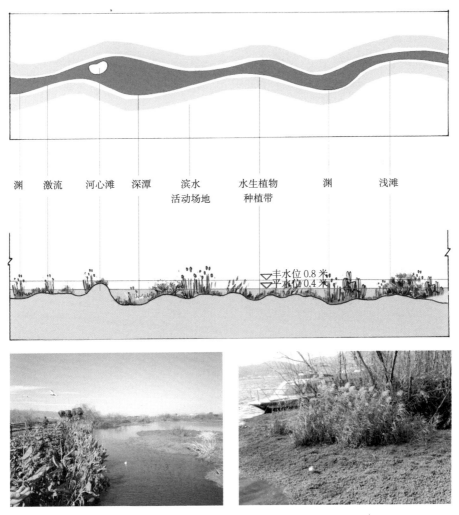

渊　　激流　　河心滩　深潭　　滨水　　　水生植物　　　渊　　　　浅滩
　　　　　　　　　　　　　　　活动场地　　种植带

丰水位 0.8 米
平水位 0.4 米

图 5.4.22　生态湖泊建设效果图

6. 水文化系统规划

水文化是水生态文明城市建设的灵魂。要以建设万州高铁片区涉水文化为目标，以提升全区民众对水生态文明的认知水平为目的，通过传统水文化传承与弘扬，开展水生态文明宣传教育等方式，彰显万州山水文化，推进万州水生态文明城市建设。

——现代水文化培育工程。巩固现有的涉水保护区和水利风景区创建成果，进一步挖掘区内山水资源和文化优势，通过生态水利工程建设、河湖湿地保护、水生态环境综合整治等措施，打造一批具有地方特色、水景观特点和文化独特的涉水保护区和水利风景区，实现水务与园林、治水与生态、亲水与安全的有机结合。重点建设天子湖公园、刘房河、长生河、龙溪河的水生态建设，基本形成布局合理、特色鲜明、景观其外、人文其内的风景区体系，使之成为传播万州现代山水文化的重要平台，扩大全社会对水务的认知度；全力打造水务部门和水管单位名片，进一步提升水务部门、水管单位的知名度和影响力；将万州的区位优势、山水资源优势和多元文化优势，转化为资本优势和经济发展优势。

——水情宣传教育工程。充分利用电视专题片、旅游专业网站、旅游博览会等媒介，强化万州的山水文化宣传工作，开展水文化主体活动，广泛开展水生态文明宣传，强化水生态文明教育，培育万州特色的水生态文化，举办水生态文明成果展，让广大市民了解水生态文明建设成果。到 2017 年，新打造水生态文明教育基地 1 个（天子湖公园），民众对水生态文明的认知水平显著提高，全社会形成以"节水、护水、爱水、亲水"为核心的水生态价值观。宣传普及节水和洁水观念，开展全民节水行动，拓展"关爱山川河流"水利志愿服务，积极培育社会水道德观念和水文明行为习惯，形成全社会"节水、惜水、爱水、护水、亲水"的浓厚氛围。

5.5 山地海绵城市设计

5.5.1 年径流总量控制容积计算

年径流总量控制容积采用设计降雨量进行计算。一些发达国家采用"水质控制容积"（Water Quality Volume，简称 WQV）来作为雨水径流污染控制量化的指标，美国《城市 BMP 的应用》（The Use of Best Management Practices（BMPs）in Urban Watersheds）中规定按下式计算水质控制所需体积 [1 EPA/600/R-04/184，The Use of Best Management Practices（BMPs）in Urban Watersheds[S]]

$$Q_v = 10 \times H \times R_v \times F$$

Q_v——水质控制所需体积（m^3）；

H——设计降雨量（mm）；为 90% 降雨场次对应的降雨量，设计降雨量是一个具有统计学意义的参数，取决于当地的降雨条件。

R_v——雨量径流系数；

F——建设项目总汇水面积（hm^2）。

在我国，将 90% 降雨场次对应的降雨量，根据《海绵城市建设技术指南》推荐的容积法进行计算：

$$V_t = 10 \times H \times R_v \times F$$

V_t——年径流总量控制容积（m^3）；

F——建设项目总汇水面积（hm^2）；

H——设计降雨量（mm）；

R_v——雨量径流系数。

重庆某地区年径流总量控制率对应的设计降雨量一览表 　　　　表 5.5.1

序号	年径流总量控制率 P_T（%）	设计降雨量 H（mm）
1	50	8.2
2	55	9.8
3	60	12.2
4	65	14.1
5	70	17.4
6	75	20.9
7	80	25.5
8	85	31.9

5.5.2 雨水收集回用容积计算

宜将初期雨水弃流或按照雨水径流污染控制标准要求处理后再进行雨水收集，收集的雨水应采用水处理工艺使其达到相应的水质标准后才可回用。雨水收集范围应根据雨水水质、雨水储存设施的布置、收集管网等实际特点经比较优化后确定。雨水收集回用的用途按《建筑与小区雨水利用工程技术规范》GB 50400 规定，用于绿化浇洒、道路及广场冲洗、车库地面冲洗、车辆冲洗、循环冷却水补水、景观水体补水和冲厕。绿化浇洒、道路及广场冲洗、车库地面冲洗、车辆冲洗、循环冷却水补水等各项最高日用水量可按《建筑给水排水设计规范》GB 50015 中的有关规定执行。

雨水收集回用量宜根据逐日降雨量和逐日用水量经模拟计算确定。当资料不足时，宜按下列规定计算：

1）当设计需水量小于收集范围的设计收集量时，雨水收集回用量宜根据设计需水量确定，如下式所示：

$$V_u = \frac{Q_u \times T_u}{0.9}$$

式中　V_u——雨水收集回用量（m^3）

　　　Q_u——日用水量（m^3）；

　　　T_u——雨水利用天数（d）；宜取 3 ~ 7 天。

2）当设计需水量大于或等于收集范围的设计收集量时，雨水收集回用量宜根据设计收集量确定，如下式所示：

$$V_u = 10 \times H_u \times R_v \times F_u$$

式中 V_u——雨水收集回用量（m^3）；

$\quad\quad H_u$——设计收集降雨厚度，取 25.5mm；

$\quad\quad R_v$——雨量径流系数；

$\quad\quad F_u$——收集范围汇水面积（hm^2）。

雨量径流系数 R_v 应按下垫面的种类加权平均计算，不同下垫面的雨量径流系数宜按表 5.5.2 确定。

雨量径流系数表 表 5.5.2

下垫面种类	雨量径流系数
硬屋面	0.8 ~ 0.9
绿化屋面	0.3 ~ 0.4
混凝土和沥青广场、路面	0.8 ~ 0.9
块石等铺砌路面	0.5 ~ 0.6
干砌砖、石及碎石路面	0.4
非铺砌的土路面	0.3
透水铺装路面	0.3
绿地	0.15
水面	1.0
覆土绿地（覆土厚度 ≥ 500mm）	0.15
覆土绿地（覆土厚度 <500mm）	0.3 ~ 0.4

5.5.3 雨水径流峰值控制容积计算

随着城市开发的进行，城市下垫面不透水面不断增加，径流系数变大，降雨后的雨水总流量和峰值流量均远超开发前。雨水峰值流量增大，在同等降雨条件下，会使原不受侵蚀的漫滩岸线在城市建设后受到侵蚀，不利于原有河流水生态系统的维持和保护。山地城市由于其自身坡度的缘故，降雨后集水时间短，雨水在较短时间内汇入水系，水系漫滩岸线冲刷严重，因此进行雨水径流峰值控制是山地城市海绵城市建设一项重要的目标。

海绵城市的理想状态是开发前后的雨水径流峰值不发生改变，根据该理念，理论上的峰值控制容积如图 5.5.1 所示。

要进行雨水峰值控制容积的确定，首先要确定建设标准，即在何种降雨条件下来保证下垫面的雨水径流峰值不发生改变。重庆市主城区海绵城市采用的在 2 年一遇 24h 降

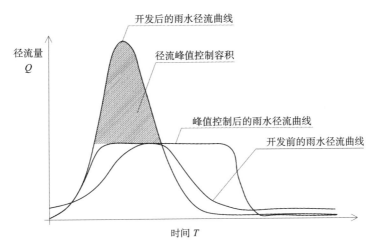

图 5.5.1　理论上的峰值控制容积图

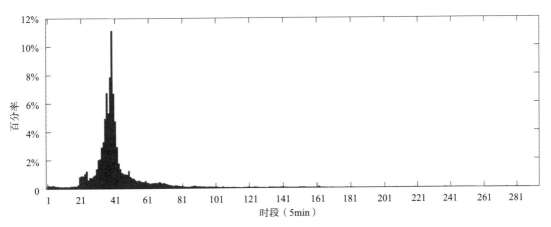

图 5.5.2　重庆市主城区 2 年一遇 24h 设计降雨分布图

雨条件下，开发前后峰值保持一致的标准。重庆市主城区 2 年一遇 24h 设计降雨分布如图 5.5.2 所示。

开发前后的雨水径流量计算如下式所示：

$$Q=10 \times \psi \times q \times F$$

式中　Q——外排流量（m³/h）；

　　　ψ——流量径流系数；

　　　q——降雨雨强（mm/h）；

　　　F——汇水面积（hm²）。

流量径流系数 ψ 宜按表 5.5.3 采用，如有多种下垫面类型，其流量径流系数取其加权平均值。

<table>
<tr><td colspan="2" align="center">流量径流系数表</td><td align="right">表 5.5.3</td></tr>
<tr><td align="center">下垫面种类</td><td align="center" colspan="2">流量径流系数</td></tr>
<tr><td align="center">硬屋面</td><td align="center" colspan="2">1.0</td></tr>
<tr><td align="center">绿化屋面</td><td align="center" colspan="2">0.4</td></tr>
<tr><td align="center">混凝土和沥青广场、路面</td><td align="center" colspan="2">0.9</td></tr>
<tr><td align="center">块石等铺砌路面</td><td align="center" colspan="2">0.7</td></tr>
<tr><td align="center">干砌砖、石及碎石路面</td><td align="center" colspan="2">0.5</td></tr>
<tr><td align="center">非铺砌的土路面</td><td align="center" colspan="2">0.4</td></tr>
<tr><td align="center">绿地</td><td align="center" colspan="2">0.25</td></tr>
<tr><td align="center">水面</td><td align="center" colspan="2">1.0</td></tr>
<tr><td align="center">地下室覆土绿地（覆土厚度 ≥ 500mm）</td><td align="center" colspan="2">0.25</td></tr>
<tr><td align="center">地下室覆土绿地（覆土厚度 <500mm）</td><td align="center" colspan="2">0.4</td></tr>
</table>

$$V=\int_{T_1}^{T_2} (Q_2 - Q_{1max})\ \mathrm{d}t$$

式中　V——峰值流量调节容积（m^3）；

Q_{1max}——开发前的峰值流量（m^3/h）；

Q_2——开发后的径流量（m^3/h）；

T_1——开发后径流量上升到开发前峰值流量的时间点；

T_2——开发后径流量下降到开发前峰值流量的时间点。

本章参考文献

[1] 张辰.上海市海绵城市建设指标体系研究 [J].给水排水.2016,42（6）:52-56.

[2] 马洪涛，周丹，康彩霞，等.海绵城市专项规划编制思路与珠海实践 [J].规划师.2016,32（5）:29-34.

[3] 李俊奇，任艳芝，聂爱华，等.海绵城市:跨界规划的思考 [J].规划师.2016,32（5）:5-9.

[4] 刘亚丽，余颖，陈治刚.山地城市重庆构建"海绵城市"的启示和建议 [J].城乡规划:城市地理学术版.2015（2）:6-12.

[5] 张毅，李俊奇，王文亮.海绵城市建设的几大困惑与对策分析 [J].中国给水排水.2016,32（12）:7-11.

第6章
山地海绵城市建设技术措施与维护

6.1　概述

海绵城市建设技术按主要功能划分，一般可分为渗透、储存、调节、转输、截污净化等几类技术类型。不同地形、地貌特征的城市，采用的海绵城市建设技术措施大同小异。相对于平原、港口等城市类型，山地城市具有地形高差大等显著特征，各类海绵城市建设技术在应用于山地城市时，要充分考虑山地城市降雨时雨峰靠前、雨型急促、汇流速度快等特点，并通过各类技术在山地海绵城市的组合应用，实现径流总量控制、径流峰值控制、径流污染控制、雨水资源化利用等目标。在实践中，还应结合山地城市水文地质、水资源等特点及技术经济分析，按照因地制宜和经济高效的原则选择山地海绵城市建设技术及其组合系统，将山地海绵城市建设技术及组合系统应用于建筑小区、城市道路、绿地广场、城市水系等。

6.2　山地海绵城市建设典型技术措施

6.2.1　透水铺装

透水铺装属于"海绵城市"理念下一种重要的源控制技术。通常采用铺设透水砖、透水沥青、鹅卵石、嵌草砖、碎石等透水铺装材料或以传统材料保留缝隙的方式进行铺装而形成的透水型地面，采用保留缝隙的方式进行铺装的狭义上认为空面积应≥40%的镂空铺地。该技术措施适用区域广、施工方便，可补充地下水，并具有一定的峰值流量削减和雨水净化作用。目前，透水铺装系统已被广泛应用于公园、停车场、人行道、广场、轻载道路等领域。透水铺装系统的主要作用是收集、储存、处理雨水径流，进而通过渗透补充地下含水层，这对提升城市整体的水文调蓄功能具有重要意义。

在结构上透水铺装应符合《透水砖路面技术规程》CJJ/T188、《透水沥青路面技术规程》CJJ/T190和《透水水泥混凝土路面技术规程》CJJ/T135等规定，透水砖的透水系数、外观质量、尺寸偏差、力学性能、物理性能等应符合现行行业标准《透水砖路面技术规程》CJJ/T 188-2012的规定。透水砖的强度等级应通过设计确定，面层应与周围环境相协调，其砖型选择、铺装形式由设计人员根据铺装场所及功能要求确定。透水砖材料及构造应满足透水速率高、保水性强、减缓蒸发、便于清洁维护、可重复循环使用的生态要求。

土基应稳定、密实、均质，应具有足够的强度、稳定性、抗变形能力和耐久性，土基压实度不应低于《城镇道路路基设计规范》CJJ194-2013 的要求。

典型透水砖铺装剖面图和实景图如图 6.2.1 和图 6.2.2 所示。

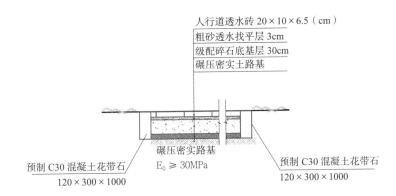

人行道透水砖 20×10×6.5（cm）
粗砂透水找平层 3cm
级配碎石底基层 30cm
碾压密实土路基

碾压密实路基
$E_0 \geq 30MPa$

预制 C30 混凝土花带石
120×300×1000

预制 C30 混凝土花带石
120×300×1000

图 6.2.1　典型透水砖铺装剖面图

图 6.2.2　典型透水铺装实景图

山地海绵城市建设使用透水铺装技术措施时，要采取必要的措施防止次生灾害或地下水污染的发生。如易造成坍塌和滑坡的陡坡区域，湿陷性黄土、膨胀土和高含盐土等特殊土壤地质区域，以及加油站及码头等径流污染严重区域。

6.2.2　绿色屋顶

绿色屋顶也称种植屋面、屋顶绿化等，指在不与自然土层相连接的各类建筑物、构筑物等的顶部以及天台、露台上的绿化。该技术措施适用于符合屋顶荷载、防水等条件的平屋顶建筑和坡度 ≤ 15° 的坡屋顶建筑，可有效减少屋面径流总量和径流污染负荷，具有节能减排的作用，但对屋顶荷载、防水、坡度、空间条件等有严格要求。

根据种植基质深度和景观复杂程度，绿色屋顶又分为简单式和花园式，基质深度根据植物需求及屋顶荷载确定，简单式绿色屋顶的基质深度一般不大于 150mm，花园式绿色屋顶在种植乔木时基质深度可超过 600mm，绿色屋顶的设计可参考《种植屋面工程技术规程》JGJ155。

典型绿色屋顶剖面图和实景图如图 6.2.3 和图 6.2.4 所示。

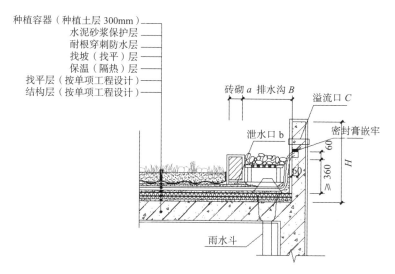

图 6.2.3　典型绿色屋顶剖面图

图 6.2.4　绿色屋顶实景图

6.2.3　下沉式绿地

下沉式绿地指低于周边铺砌地面或道路在 200 mm 以内的绿地，具有一定的调蓄容积，且可用于调蓄和净化径流雨水的绿地。下沉式绿地可汇集周围硬化地表产生的雨水径流，利用植被、土壤、微生物的综合作用，截留和净化小流量雨水径流，超过其蓄渗容量的雨水经雨水口排入雨水管网。不仅可以起到削减径流量、减轻城市洪涝灾害的作用，而且下渗的雨水能够增加土壤含水量进而减少绿地浇灌用水量，还有利于地下水的涵养。广泛应用于城市建筑与小区、道路、绿地和广场内。

下沉式绿地的下凹深度可根据植物耐淹性能和土壤渗透性能确定，一般为 100 ~ 200 mm。同时应设置溢流口（如雨水口），保证暴雨时径流的溢流排放，溢流口顶部标高一般应高于绿地 50 ~ 100 mm。

典型下沉式绿地剖面图如图 6.2.5 所示。

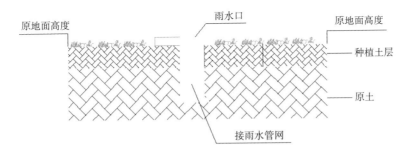

图 6.2.5　典型下沉式绿地剖面图

下沉式绿地适用区域广，其建设费用和维护费用均较低，但大面积应用时，易受地形等条件的影响，实际调蓄容积较小。下沉式绿地对于径流污染严重、设施底部渗透面距离季节性最高地下水位或岩石层小于 1 m 及距离建筑物基础小于 3 m（水平距离）的区域，应采取必要的措施防止次生灾害的发生。典型下沉式绿地实景图如图 6.2.6 和图 6.2.7 所示。

图 6.2.6　典型下沉式绿地实景图 1

图 6.2.7　典型下沉式绿地实景图 2

6.2.4 生物滞留设施

生物滞留设施指在地势较低的区域，通过植物、土壤和微生物系统蓄渗、净化径流雨水的设施，主要收集相邻车行道、人行道的径流雨水，其剖面自上至下为持水区/碎石阻隔带、种植土壤层、砂滤层、卵石层。适用于建筑与小区内建筑、道路及停车场的周边绿地，以及城市道路绿化带等城市绿地内。对于径流污染严重、设施底部渗透面距离季节性最高地下水位或岩石层小于1m及距离建筑物基础小于3m（水平距离）的区域，可采用底部防渗的复杂型生物滞留设施。

典型生物滞留设施剖面图如图6.2.8所示。

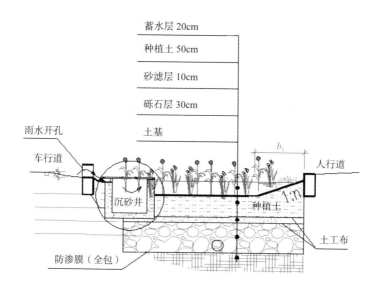

图 6.2.8 典型生物滞留设施剖面图

山地城市坡度较大，故生物滞留设施应用于道路绿化带时，应考虑道路纵坡影响，应设置挡水堰/台坎，以减缓流速并增加雨水渗透量，设施靠近路基部分应进行防渗处理，防止对道路路基稳定性造成影响。当最小纵坡为≤2%的道路纵坡时，生物滞留带可不设挡水堰，每隔10m通过种植土的局部凸起使生物滞留带形成逐级微蓄水单元；道路纵坡2%~7%采用阶梯状雨水生物滞留带；道路坡度≥7%时，设置阶梯跌落生物滞留带，挡水堰每隔5m布置，为加强保水在两个挡水堰之间设置小型挡水堰，堰顶与砂滤层相平。

典型道路生物滞留带系统流程如图6.2.9所示，具体为：道路雨水经过路沿侧壁雨水孔流入沉砂井，再经沉砂井雨水箅溢出，然后流经卵石区实现均匀布水和再次过滤，最后汇入种植区，利用种植区植物、土壤和微生物系统的联合作用净化、雨水，净化后的雨水经盲管收集排入现有市政雨水系统；当雨水量超过生物滞留带的容量时，超量雨水经雨水溢流口直接排至现有市政雨水系统。

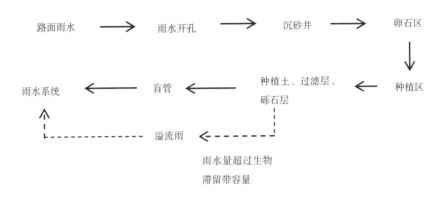

图 6.2.9　典型道路生物滞留带系统流程图

生物滞留设施形式多样、适用区域广、易与景观结合，径流控制效果好，建设费用与维护费用较低；但地下水位与岩石层较高、土壤渗透性能差、地形较陡的地区，应采取必要的换土、防渗、设置阶梯等措施避免次生灾害的发生，将增加建设费用。

典型生物滞留带实景图如图 6.2.10 所示。

图 6.2.10　典型生物滞留带实景图

6.2.5　持水花园

持水花园主要布置在生物滞留带的下游，道路交叉口处部分路段单独设置持水花园。持水花园主要负责收集和处理上游生物滞留带溢流转输的径流雨水，及其本身沿线相邻车行道及人行道的径流雨水。持水花园较生物滞留带有更大的蓄水和水质处理能力，持水区内的"蛇形"导流廊道能有效延缓径流流速，有利于径流携带的污染物在持水区内及时沉淀或被植物拦截。超出设计水量的雨水，将通过持水花园末端的溢流口溢流至雨水检查井，进而通过持水花园出水管排入至市政雨水管道系统。见图 6.2.11。

图 6.2.11　典型持水花园实景图

6.2.6　雨水花园

雨水花园是指利用土壤、植物等对雨水进行渗透和过滤，使雨水得到净化的同时被滞留以减少径流量的工程设施。山地海绵城市小区的雨水花园具有调节雨洪、水质净化、雨水资源利用、恢复水循环等作用。

为削减小区的径流污染，在小区草坪的低洼处、避开综合管线（尤其是燃气和重力流管线）建设雨水花园。雨水花园与建筑物四周的雨水排水沟联通，收集屋面雨水及雨水花园四周绿地、道路排水，进行滞留、缓排、蒸发及植物净化，有利于提高污染负荷去除率和径流总量控制率。见图 6.2.12 ～图 6.2.14。

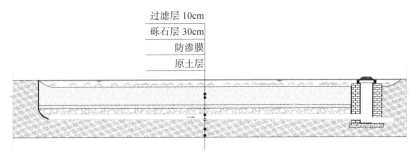

过滤层 10cm
砾石层 30cm
防渗膜
原土层

图 6.2.12　雨水花园剖面图

图 6.2.13　雨水花园实景图 1

图 6.2.14　雨水花园实景图 2

6.2.7 雨水塘

雨水塘有时可结合绿地、开放空间等场地条件设计为多功能调蓄水体，即平时发挥正常的景观及休闲、娱乐功能，暴雨发生时发挥调蓄功能，实现土地资源的多功能利用。见图 6.2.15。

图 6.2.15　雨水塘

雨水塘一般由进水口、前置塘、主塘、溢流出水口、护坡及驳岸、维护通道等构成。雨水塘应满足以下要求：

（1）进水口和溢流出水口应设置碎石、消能坎等消能设施，防止水流冲刷和侵蚀。

（2）前置塘为雨水塘的预处理设施，起到沉淀径流中大颗粒污染物的作用；池底一般为混凝土或块石结构，便于清淤；前置塘应设置清淤通道及防护设施，驳岸形式宜为生态软驳岸，边坡坡度（垂直：水平）一般为 1 : 2 ~ 1 : 8；前置塘沉泥区容积应根据清淤周期和所汇入径流雨水的 SS 污染物负荷确定。

（3）主塘一般包括常水位以下的永久容积和储存容积。永久容积水深一般为 0.8 ~ 2.5 m；储存容积一般根据所在区域相关规划提出的"单位面积控制容积"确定；具有峰值流量削减功能的雨水塘还包括调节容积，调节容积应在 24 ~ 48 h 内排空；主塘与前置塘间宜设置水生植物种植区（雨水湿地），主塘驳岸宜为生态软驳岸，边坡坡度（垂直：水平）不宜大于 1 : 6。

（4）溢流出水口包括溢流竖管和溢洪道。排水能力应根据下游雨水管渠或超标雨水径流排放系统的排水能力确定。

（5）雨水塘应设置护栏、警示牌等安全防护与警示措施。

适用性：雨水塘适用于建筑与小区、城市绿地、广场等具有空间条件的场地。

优缺点：雨水塘可有效削减较大区域的径流总量、径流污染和峰值流量，是城市内涝防治系统的重要组成部分；但对场地条件要求较严格，建设和维护费用高。

6.2.8 调蓄池

雨水调蓄作为一种滞洪和控制雨水污染的手段，在全世界范围内得到广泛使用。调蓄池最初仅作为暂时储存过多雨水的设施，常利用天然的池塘或洼地等储水。随着人们对雨水洪灾和面源污染的认识日益深刻，调蓄池的功能和形式逐渐多样化。按其在工程上的用途，调蓄池主要分为三类：洪峰流量调节、面源污染控制和雨水利用，在山地海绵城市小区建设中能有效控制年径流排放率，并实现雨水资源化利用。见图 6.2.16、图 6.2.17。

图 6.2.16 调蓄池坡面图

图 6.2.17 4 级跌水景观

6.2.9 植草沟

植草沟指种有植被的地表沟渠，可收集、输送和排放径流雨水，通过重力流收集雨水径流，对非渗透性下垫面的径流具有水量削减和水质净化作用，可用于衔接其他各单项设施、城市雨水管渠系统和超标雨水径流排放系统。除转输型植草沟外，还包括渗透型的干式植草沟及常有水的湿式植草沟，可分别提高径流总量和径流污染控制效果。该技术措施适用于建筑与小区内道路、广场、停车场等不透水面的周边，城市道路及城市绿地等区域，也可作为生物滞留设施、湿塘等低影响开发设施的预处理设施。植草沟也可与雨水管渠联合应用，场地竖向允许且不影响安全的情况下也可代替雨水管渠。见图6.2.18、图 6.2.19。

植草沟易与景观结合，其浅沟断面形式宜采用倒抛物线形、三角形或梯形。边坡坡度（垂直：水平）不宜大于 1：3，纵坡不应大于 4%。纵坡较大时宜设置为阶梯型植草沟或在中途设置消能台坎。最大流速应小于 0.8 m/s ，曼宁系数宜为 0.2 ～ 0.3。转输型植草沟内植被高度宜控制在 100 ～ 200 mm。

图 6.2.18　植草沟 1

图 6.2.19　植草沟 2

6.3　山地海绵城市建设典型技术设施维护

6.3.1　透水铺装维护

禁止在透水铺装的地面或附近堆放土工施工材料（土壤、砂石、混凝土等）。通过设置植被过滤带、转输植草沟、沉淀池等措施，减少直接从裸露土壤流出的径流或其他颗粒物含量高的尽量进入透水铺装区域，并需即使清理沉砂池。禁止超过设计荷载的车辆或其他设备进入透水铺装区域。对于采用保留缝隙的方式进行铺装的区域应及时清理缝隙内的沉积物，垃圾杂物等。

透水铺装区域的落叶应在其处于干燥状态时尽快清除。透水铺装的人行道等应及时用硬扫帚清理青苔。定期检查透水铺装的渗透机能，采用透水材料的透水铺装可在现场用路面渗水仪，用变水位法进行测定，渗透速率低于 25cm/h 时，应进行清洗。对于保留缝隙的铺装方法可用在一定面积（4～5m³）上加载定量的水，记录完全渗透所需的时间并与新建成时的时间进行对比后评估透水机能。

去除透水铺装透水面空隙中的土粒，可采用下列方法：（1）高压清洗机械清洗（透水路面清洗车等）；（2）洒水冲洗；（3）压缩空气吹脱采用高压水冲洗时，限制水压在5～20MPa，防止对路面造成破坏，应注意清洗排水中的泥沙含量较高，应采取妥善措施处置。

透水基层堵塞可将填料挖出清洗或更换。透水沥青路面达到功能寿命以后，需进行表面层或者基层修补，路面坑槽裂缝可适用常规的不透水沥青混合料修补，只要累计修补面积不超过整个透水面积的10%。对于植草砖等其他有植物参与的透水铺装方式，需进行病虫害的检查法防治和杂草的去除。

当透水铺装区域出现频繁堵塞时，应分析可能原因，并采取合理措施排除或降低其影响。损坏的透水路面，透水砖等必须及时采用原透水材料或透水和其他性能不低于原透水材料的材料进行修复或替换。在透水水泥混凝土路面出现裂缝、坑槽和集料脱落、飞散面积较大的情况，必须进行维修。维修前，应根据透水水泥土路面损坏情况制定维修施工方案；维修时，应先将路面疏松集料铲除，清洗路面去除孔隙内的灰尘及杂物后，才能进行新的透水水泥混凝土铺装。

对于设有下部排水管/渠的透水铺装需定时检查管渠是否被泥沙，植物根系等堵塞，是否错位、破裂。根据检查结果采用射流清洗，更换管道等进行修复。透水铺装区域的安全检查可由道路管理部门执行，并以交通繁忙、人员聚集的地段为检查重点区域。

设施各个结构及项目的检查频次参考表见表6.3.1。

透水铺装检查维护频次表 表6.3.1

项目	检查内容	检查维护频次
透水铺装区域	土工材料堆放	N
	有无沉积物含量高的径流进入	2, S
	沉淀设施	S
	树叶，垃圾，杂物等	与市政卫生同步
透水沥青，透水混凝土铺装地面	渗透机能检查	2, S
透水砖铺装地面	渗透机能检查	2, S
	青苔	2
	透水砖损坏，缺失	2

续表

项目	检查内容	检查维护频次
透水砖，开孔砖及碎石铺设地面	渗透机能检查	2
	植被病虫害，杂草检查	N
	开孔砖损坏，砖石缺失，冲走	2，S
下部排水管/渠	堵塞，开裂，坍塌，破碎，错位	2，S
安全检查	设施是否有变形，损坏，裂缝，坍塌，沉降，坑槽等	12

注：2——每6个月一次，12——每月一次。S——24小时降雨量大于等于10年一遇。F落叶季节。N——按需要，居民报告异常情况时也应进行检查维护。

为保证设施的运行维护，各公共项目管理部门应为工作人员提供必要工具和材料，非公共项目可自备或向相关部门申请，参考材料和设备可参考表6.3.2。

透水铺装塘维护设备材料清单表 表6.3.2

淤积清理，渗透机能能力恢复	结构/管道检查和维护设备
◇ 手套 ◇ 铲，撬，扫帚 ◇ 桶 ◇ 垃圾袋，垃圾桶 ◇ 路面渗水仪 ◇ 卷尺或直尺 ◇ 挡水隔板 ◇ 高压清洗机，透水路面清洗车 ◇ 动力旋转刷机 ◇ 压缩空气清洗机	◇ 手套 ◇ 修补工具（灰匙、砍砖刀、抹泥刀、油灰刀等） ◇ 破土工具 ◇ 手电筒 ◇ 镜子（查看人无法进入结构） ◇ 替换管材 ◇ 其他替换材料 ◇ 植物管理设备 ◇ 除草工具 ◇ 补种植物种子 ◇ 灌溉工具

6.3.2　绿色屋顶维护

植物栽种初期和长期干旱或者其他严峻气候条件下，应注意对设施内植物的灌溉和维护，灌溉间隔控制在10~15天，种植土较薄的屋面及夏季适当增加灌溉次数。定期检查植物生长状况，当植被覆盖率低于90%时（有特殊设计要求的除外）应按照以下步骤处理：（1）确定植被生长不良原因（如灌溉，耕植方法是否正确）并纠正；（2）确认所种植的植物适应当地的气候条件及设施的特殊含水量特征；（3）必要时替换种植其他植物，替代物种可咨询城市绿化管理部门，同时遵守绿色屋顶植物选用原则。

若设施内植被过密，造成雨水下渗不畅（排空时间超过72小时），或危及结构安全，可按下述步骤进行处理：（1）确定修剪或其他日常维护是否足以维持适当的种植密度与外观要求；（2）确定种植的植物类型是否长期存在生长过密的情况，是则应替代种植其他植物，避免持续的维护问题；（3）若是大型植物可移植到设施范围以外；（4）小型植物可直接去除部分植株。

翻耕种植土，种植植物及其他相关操作禁用尖锐工具，以防损坏过滤层及防水层。快速完成种植土的翻耕及植物种植，减少土壤裸露时间。定期清理设施内的落叶、垃圾杂物等，给予适当处置或者移除。在土壤裸露的期间应在土壤表明覆盖塑料薄膜或其他保护层，以防土壤被降雨和风侵蚀。定期去除杂草、控制虫害、修剪植被，公共项目的植物可由有经验的园林工作者操作，符合城市园林绿化的相关规定。定期补充种植土到设计厚度。种植土出现明显的侵蚀、流失时应分析原因并纠正。定期检查过滤层及防水层，过滤层和防水层出现破损、植物根系侵入等现象时必须立即修复。泄水口、排水管入口出现淤泥、落叶、垃圾杂物堆积状况，必须及时清理。

降雨设施内积水时间若超过72小时，雨后雨水排空时间超过36小时时应按照一下步骤检查原因并处理：（1）检查泄水口、排水管入口、排水管是否堵塞，并根据需要进行清理；（2）检查种植土壤是否堵塞，如表层沉积物的积累或过于压实；挖一个小洞，观察土壤剖面，并确定压实深度或堵塞情况，以确定需替换或翻耕的土壤深度；（3）检查过滤层是否堵塞，根据需要及时清洗或更换。

禁止在种植区域堆放重物，尽量减少其他荷载（如行人经过），维护人员进入维护时应采取相关措施平均分散荷载，非必要条件下不要在土壤还处于湿软的时期进入种植区域。

定期检查排水管/沟状况，出现破损、裂缝、错位、错接的必须立即修补、替换或纠正。定期检查挡墙，当出现坍塌、损坏、侵蚀导致出现5cm以上的裂缝或者豁口的，应进行加固和修补。若水质不符合后续使用要求，处理后再进行回用。

设施各个结构及项目的检查频次参考表6.3.3。

绿色屋顶检查维护频次表　　　　　表6.3.3

项目	检查内容	检查维护频次
泄水口	堵塞	2, S, F
	侵蚀，损坏	2, S
挡墙	裂口，沉降，侵蚀损坏	2, S
种植土	渗透性能	S, N
	土壤流失	S
填料	清洁度和渗透性能	2, S
排水管/沟	是否堵塞，损坏，错位等	2

项目	检查内容	检查维护频次
设施内垃圾清理	设施内是否存在垃圾杂物	12
植被	植被存活状	N
	植被外观情况，确定是否需要修剪	N
	植被是否遭受病虫害	N
	设施内杂草生长状况	N
	植被过密	N
积水	积水时间是否超过 72h	S
水质	是否达到相关水质要求	2

注：2——6 个月一次。S——24 小时降雨量大于 10 年一遇的降水之后。F——落叶季节。N——按需要，居民报告异常情况时也应进行检查维护。

为保证设施的运行维护，各公共项目管理部门应为工作人员提供必要工具和材料，非公共项目可自备或向相关部门申请，参考材料和设备可参考表 6.3.4。

绿色屋顶维护所需材料表　　　　　　　　　　　　　表 6.3.4

园林绿化设备和材料	侵蚀控制，修补材料
◇　手套 ◇　除草工具 ◇　翻土工具（锄，耙，铲等） ◇　枝叶修剪工具（树枝剪等） ◇　手推车 ◇　垃圾袋，垃圾桶 ◇　分散荷载垫板 ◇　植株	◇　碎石，卵石 ◇　水泥 ◇　砖 ◇　修补工具（灰匙、砍砖刀、抹泥刀、油灰刀等）
	临时覆盖材料
	◇　塑料薄膜 ◇　防尘网
灌溉设备	**管道/结构检查和维护设备**
◇　软管 ◇　喷头 ◇　水袋，水桶 ◇　灌溉箱 ◇　水源	◇　破土工具 ◇　手电筒 ◇　镜子（查看人无法进入结构） ◇　卷尺或直尺 ◇　替换管材
淤积清理，种植土和填料渗透能力恢复	**专用设备**
◇　手套 ◇　铲 ◇　压力水枪 ◇　垃圾袋垃圾桶 ◇　翻土，破土设备 ◇　替换用种植土 ◇　替换用填料	◇　土壤监测设备（采样环刀，土壤钻，土壤养分测试试剂盒等） ◇　水质测试设备

6.3.3　生物滞留设施和下沉式绿地维护

进水口不能有效收集汇水面径流雨水时，应加大进水口规模或进行局部下凹等。进水口和溢流口应及时清理垃圾与沉积物，保证过水通畅。进水口和溢流口的防冲刷设施（如效能碎石）应进行合理维护，保持其设计功能。

设施内部出现垃圾和杂物及时清理。调蓄空间因沉积物淤积导致调蓄能力不足时，应及时清理沉积物。由于坡度导致调蓄空间调蓄能力不足时，应增设挡水堰或抬高挡水堰、溢流口高程。边坡、护堤出现坍塌、损坏、侵蚀导致出现5cm以上的裂缝或者豁口的，应进行加固和修补。及时添加表层种植土和维护覆盖层，维持表层种植土和覆盖层的厚度。对于设置了配水管/渠、下部排水管/渠的设施，应按要求检查管/渠，根据检查结果，及时清理堵塞物，修复暗管、暗渠。不得在设施中堆放重物，尽量减少其他荷载（如行人，或者轻型交通工具经过），维护人员进入维护时应采取相关措施平均分散荷载。

雨后雨水排空时间超过36h时应按照以下步骤检查原因并处理：（1）在设施底部确认叶片或碎片堆积是否妨碍渗透；如果有必要，清除落叶/碎片；（2）确保暗渠（如果有的话）没有被堵塞；如果有必要，清理暗渠；（3）检查植被是否过密，阻碍下渗；（4）检查其他水输入（例如，地下水非法连接）；（5）确认设施的服务面积是否超出设计汇水面积，若实际服务面积大于设计汇水面积应采取必要的分流控制措施，可咨询设计单位；（6）如果步骤1～4不解决问题，可能堵塞是由于种植土壤堵塞，表层沉积物的积累或过于压实；挖一个小洞，观察土壤剖面，并确定压实深度或堵塞情况，以确定需替换或否则翻耕的土壤深度。

定期去除杂草，控制虫害，修剪植被，公共项目的植物可由有经验的园林工作者操作，符合城市园林绿化的相关规定。及时补种更换设施植物，更换补种应考虑植被的耐淹及耐旱能力。植物栽种初期和长期干旱或者其他严峻气候条件下，应注意对设施内植物的灌溉和维护。

设施运行发现植被生存率过低时（低于75%），可按照以下步骤处理：（1）确定植被生长不良原因（如灌溉、耕植方法是否正确）并纠正；（2）确认所种植的植物适应当地的气候条件及设施的特殊含水量特征；（3）必要时替换种植其他植物，替代物种可咨询城市绿化管理部门。

若设施内植被过密，造成雨水下渗不畅（排空时间超过72h），或危及结构安全，可按下述步骤进行处理：（1）确定修剪或其他日常维护是否足以维持适当的种植密度与外观要求；（2）确定种植的植物类型是否长期存在生长过密的情况，是则应替代种植其他植物，避免持续的维护问题；（3）若是大型植物可移植到设施范围以外；（4）小型植物可直接去除部分植株。

设施各个结构及项目的检查频次参考表6.3.5。

生物滞留设施和下沉式绿地检查维护频次表　　　　表 6.3.5

项目	检查内容	检查维护频次
进水口，溢流口	堵塞	2，S，F
	消能碎石等	2，S
	侵蚀，损坏	2，S
边坡，护堤，堰	裂口，沉降，侵蚀损坏	2，S
	下游护堤渗漏情况	2，S
种植土	渗透性能	S，N
填料	清洁度和渗透性能	2，S
配水、排水管／渠	是否堵塞，损坏，错位等	2
设施内垃圾清理	设施内是否存在垃圾杂物	与市政卫生同步
植被	植被存活状况	N
	植被外观情况，确定是否需要修剪	N
	植被是否遭受病虫害	N
	设施内杂草生长状况	N
	植被过密	N
积水	积水时间是否超过 72h	S
水质	是否达到相关水质要求	2

注：2——6 个月一次；S——24 h 降雨量大于 10 年一遇的降水之后；F——落叶季节；N——按需要，居民报告异常情况时也应进行检查维护。

为保证设施的运行维护，各公共项目管理部门应为工作人员提供必要工具和材料，非公共项目可自备或向相关部门申请，参考材料和设备可参考表 6.3.6。

生物滞留设施和下沉式绿地维护设备材料清单表　　　　表 6.3.6

园林绿化设备和材料	侵蚀控制，修补材料
◇ 手套	◇ 碎石，卵石
◇ 除草工具	◇ 水泥
◇ 翻土工具（锄，耙，铲等）	◇ 砖
◇ 枝叶修剪工具（树枝剪等）	◇ 修补工具（灰匙、砍砖刀、抹泥刀、油灰刀等）
◇ 手推车	**覆盖替换材料**
◇ 垃圾袋，垃圾桶	◇ 碎石，卵石
◇ 分散荷载垫板	◇ 草皮
◇ 植株	

灌溉设备	管道 / 结构检查和维护设备
◇　软管 ◇　喷头 ◇　水袋，水桶 ◇　灌溉箱水源（例如，洒水车）	◇　破土工具 ◇　手电筒 ◇　镜子（查看人无法进入结构） ◇　卷尺或直尺 ◇　替换管材
淤积清理，种植土和填料渗透能力恢复	专用设备
◇　手套 ◇　铲 ◇　压力水枪 ◇　垃圾袋，垃圾桶 ◇　翻土，破土设备 ◇　替换用种植土 ◇　替换用填料	◇　小型挖掘机 ◇　土壤监测设备（采样环刀，土壤钻，土壤养分测试试剂盒等） ◇　渗透测试设备 ◇　水质测试设备

6.3.4　持水花园和雨水花园维护

严禁生活污水及其他非雨水径流接入。严禁向设施内倾倒垃圾，设施内部出现垃圾和杂物须及时清理。严禁在设施内过度放牧、捕捞、填埋、栽种树木、取土、种植粮食作物等。

进水口，出水口和溢流口应及时清理垃圾与沉积物，保证过水通畅。进水口，出水口和溢流口的防冲刷设施（如效能碎石）应进行合理维护，保持其设计功能。

前置塘 / 预处理池内沉积物淤积超过 50% 时，应及时进行清淤。防误接、误用、误饮等警示标识、护栏等安全防护设施及预警系统损坏或缺失时，应及时进行修复和完善；应定期检查泵、阀门等相关设备，保证其能正常工作。

调蓄空间因沉积物淤积导致调蓄能力不足时，应及时清理沉积物，清理出来的淤泥应进行合理处置。边坡、护堤出现坍塌、损坏、侵蚀导致出现 5cm 以上的裂缝或者豁口的，应进行加固和修补。

对于设置了下部排水管 / 渠的设施，应按要求检查暗管暗渠，根据检查结果，及时清理堵塞物，修复暗管，暗渠定期去除杂草，控制虫害，修剪植被，公共项目的植物可由有经验的园林工作者操作，符合城市园林绿化的相关规定。夏季必须采取控制恶臭和孳生蚊蝇现象的措施。做好春季植物恢长的维护管理，清除死亡腐烂植物，及时对护坡进行修补并栽种护坡植物，对缺失的植物进行移植、补栽，确保人工湿地的净化效果及整体美观，植物选取咨询城市绿化管理部门。根据植物生长规律，实际生长状况，设计文件等合理收割湿地植物。植物栽种初期和长期干旱或者其他严峻气候条件下，应注意对设施内植物的灌溉和维护。

设施运行发现植被生存率过低时（低于 75%），可按照以下步骤处理：（1）确定植被生长不良原因（如灌溉，耕植方法是否正确）并纠正；（2）确认所种植的植物适应当地的气候条件及设施的特殊含水量特征；（3）必要时替换种植其他植物，替代物种可咨询城市绿化管理部门。

若设施内植被生长过密，影响设施设计功能或危及结构安全，可按下述步骤进行处理：（1）确定修剪或其他日常维护是否足以维持适当的种植密度与外观要求；（2）确定种植的植物类型是否长期存在生长过密的情况，是则应替代种植其他植物，避免持续的维护问题；（3）若是大型植物可移植到设施范围以外；（4）小型植物可直接去除部分植株。

出水水质不符合设计要求时应分析可能原因并采取适当措施。设施内水位应适时检查，特别是植物栽种初期、干旱季节、雨季，根据检查结果调节水位。

设施各个结构及项目的检查频次参考表 6.3.7。

持水花园和雨水花园检查维护频次表　　　　　　　　　表 6.3.7

项目	检查内容	检查维护频次
进水口，溢流口	堵塞	2，S，F
	消能碎石等	2，S
	侵蚀，损坏	2，S
	泵、阀门等相关设备	2
边坡，护堤，堰	裂口，沉降，侵蚀，坍塌等	2，S
	护堤渗漏情况	2，S
	警示标识	2
下部排水管 / 渠	是否堵塞，损坏，错位等	2
设施内垃圾清理	设施内是否存在垃圾杂物	与市政卫生同步
植被	植被存活状况	N
	植被外观情况，确定是否需要修剪	N
	植被是否遭受病虫害	N
	设施内杂草生长状况	N
	植被过密	2，N
	是否需要收割	设计文件，F
公共卫生	恶臭	N
	孳生蚊蝇	夏季
水质	是否达到相关水质要求	2
水位	水位	S，干旱季节

注：2——6 个月一次；S——24 小时降雨量大于 10 年一遇的降水之后；F——落叶季节；N——按需要，居民报告异常情况时也应进行检查维护。

为保证设施的运行维护，各公共项目管理部门应为工作人员提供必要工具和材料，非公共项目可自备或向相关部门申请，参考材料和设备可参考表6.3.8。

持水花园和雨水花园维护设备材料清单表　　　　表 6.3.8

园林绿化设备和材料	侵蚀控制，修补材料
◇　手套，雨鞋 ◇　除草工具 ◇　枝叶修剪工具（树枝剪等） ◇　手推车 ◇　垃圾袋，垃圾桶 ◇　锄头，铲 ◇　植株	◇　筑坝材料（土，砖，混凝土等） ◇　防水材料 ◇　修补工具（手套，灰匙、砍砖刀、抹泥刀、油灰刀，锄头，铲等） ◇　消能材料（碎石，卵石等）
淤泥，落叶，垃圾杂物清理	管道/结构检查和维护设备
◇　手套，雨鞋 ◇　网兜 ◇　垃圾袋，垃圾桶 ◇　排污泵	◇　破土工具 ◇　手电筒 ◇　镜子（查看人无法进入结构） ◇　卷尺或直尺 ◇　替换管材
专用设备	
◇　水质测试设备	

6.3.5　雨水塘维护

进水口、出水口和溢流口应及时清理垃圾与沉积物，保证过水通畅。进水口和溢流口的防冲刷设施（如效能碎石）应进行合理维护，保持其设计功能。应定期检查泵、阀门等相关设备，保证其能正常工作。前置塘/预处理池内沉积物淤积超过30%时，应及时进行清淤。

根据实际情况，每年对水池内的泥沙沉淀物进行一次清理，清理出来的淤泥应进行合理处置。每月检查塘壁外观及结构，发现裂缝、沉降、渗漏等及时修补。

防误接、误用、误饮等警示标识、护栏等安全防护设施及预警系统损坏或缺失时，应及时进行修复和完善；定期检查塘内及与其相接的管道是否出现堵塞、开裂、破碎错位、错接等，根据结果进行维护。平时应加强对观察口的密封和加锁管理，不得随意打开。上班巡查时随开随锁，并做好记录。出水水质不符合回用水标准时应进行适当处理达标后再进行回用。降雨期间实时监控雨水塘液位，当达到设计高液位时，关闭进水闸门，阻断雨水进入。

设施各个结构及项目的检查频次参考表6.3.9。

雨水塘检查维护频次表 表 6.3.9

项目	检查内容	检查维护频次
进水口，溢流口	堵塞	每月，S，F
	消能碎石等	每月，S
	侵蚀，损坏	每月，S
	泵、阀门等相关设备	每月
塘壁	裂口，沉降等	每月
	渗漏	每月
管道	堵塞，开裂，破碎错位，错接	2
塘内淤积	塘内淤泥情况	1
水质	是否达到相关水质要求	2
液位	是否达到高位	降雨期间实时监控
安全检查	警示标识是否完好	每月
	检查口是否密封，上锁	每周

注：1——每年 1 次；2——6 个月一次；S——24 小时降雨量大于 10 年一遇的降水之后；F——落叶季节；N——按需要，居民报告异常情况时也应进行检查维护。

为保证设施的运行维护，各公共项目管理部门应为工作人员提供必要工具和材料，非公共项目可自备或向相关部门申请，参考材料和设备可参考表 6.3.10。

雨水塘维护设备材料清单表 表 6.3.10

淤泥清理，水塘清洁	检查设备
◇ 手套，防滑雨鞋 ◇ 垃圾袋，垃圾桶 ◇ 排污泵 ◇ 清洁水源 ◇ 软管 ◇ 扫帚，铲等	◇ 手电筒 ◇ 镜子（查看人无法进入结构） ◇ 卷尺或直尺
专用设备	修补材料
◇ 水质测试设备	◇ 塘壁材料（土，砖，混凝土等） ◇ 防水材料 ◇ 修补工具（手套，灰匙、砍砖刀、抹泥刀、油灰刀，锄头，铲等） ◇ 替换管材

6.3.6 调蓄池维护

监控排空时间是否达到设计要求。进水口和出水口应及时清理垃圾与沉积物，保证过水通畅。应定期检查泵、阀门等相关设备，保证其能正常工作。根据实际情况，当调蓄空间因沉积物淤积导致调蓄能力不足时，应及时清理沉积物，清理出来的淤泥应进行合理处置。每月检查池壁外观及结构，发现裂缝、沉降、渗漏等及时修补。

定期检查进出水管/渠是否出现堵塞、开裂、破碎、错位，根据结果进行维护。防误接、误用、误饮等警示标识、护栏等安全防护设施及预警系统损坏或缺失时，应及时进行修复和完善；对于封闭式调蓄池，平时应加强对观察口的密封和加锁管理，不得随意打开，上班巡查时随开随锁，并做好记录。

设施各个结构及项目的检查频次参考表6.3.11。

调蓄池检查维护频次表　　　　　　　　　　　　表6.3.11

项目	检查内容	检查维护频次
进水口，溢流口	堵塞	每月，S，F
	消能碎石等	每月，S
	侵蚀，损坏	每月，S
	泵、阀门等相关设备	每月
池壁	裂口，沉降等	每月
	渗漏	每月
管道	堵塞，开裂，破碎错位，错接	2
池内淤积	池内淤泥情况	1
水质	是否达到相关水质要求	2
液位	是否达到高位	降雨期间实时监控
安全检查	警示标识，护栏等是否完好	每月
	检查口是否密封，上锁	每周

注：1——每年1次；2——6个月一次；S——24h降雨量大于10年一遇的降水之后；F——落叶季节；居民报告异常情况时也应进行检查维护。

为保证设施的运行维护，各公共项目管理部门应为工作人员提供必要工具和材料，非公共项目可自备或向相关部门申请，参考材料和设备可参考表6.3.12。

调节池维护设备材料清单表　　　　表 6.3.12

淤泥清理，水池清洁	检查设备
◇ 手套，防滑雨鞋 ◇ 垃圾袋，垃圾桶 ◇ 排污泵 ◇ 清洁水源 ◇ 软管 ◇ 扫帚，铲等	◇ 手电筒 ◇ 镜子（查看人无法进入结构） ◇ 卷尺或直尺
	修补材料
	◇ 池壁材料（土，砖，混凝土等） ◇ 防水材料 ◇ 修补工具（手套，灰匙、砍砖刀、抹泥刀、油灰刀等） ◇ 替换管材

6.3.7　植草沟维护

进水口不能有效收集汇水面径流雨水时，应加大进水口规模或进行局部下凹等。进水口因冲刷造成水土流失时，应设置碎石缓冲或采取其他防冲刷措施，并进行合理维护，保持其设计功能。

植草沟应及时清理垃圾与沉积物落叶，保证过水通畅，清理出来的淤泥、垃圾等应进行合理处置。边坡出现坍塌、损坏、侵蚀时应进行加固和修补。定期去除杂草，控制虫害，修剪植被，公共项目的植物可由有经验的园林工作者操作，符合城市园林绿化的相关规定。及时补种更换设施植物，更换补种应考虑植被的耐淹及耐旱能力。植物栽种初期和长期干旱或者其他严峻气候条件下，应注意对设施内植物的灌溉和维护。

设施运行发现植被生存率过低时（低于75%）可按照以下步骤处理：（1）确定植被生长不良原因（如灌溉、耕植方法是否正确）并纠正；（2）确认所种植的植物适应当地的气候条件及设施的特殊含水量特征；（3）必要时替换种植其他植物，替代物种可咨询城市绿化管理部门。

若设施内植被过密，造成过水不畅，可按下述步骤进行处理。（1）确定修剪或其他日常维护是否足以维持适当的种植密度与外观要求；（2）确定种植的植物类型是否长期存在生长过密的情况，是则应替代种植其他植物，避免持续的维护问题；（3）大型植物需移植到其他合适地点；（4）小型植物直接去除部分植株。

设施各个结构及项目的检查频次参考表 6.3.13。

植草沟检查维护频次表　　　　表 6.3.13

项目	检查内容	检查维护频次
进水口	堵塞	2，S，F
	缓冲设施	2，S

项目	检查内容	检查维护频次
边坡	坍塌，损坏，侵蚀	2
设施内空间	设施内淤泥，垃圾杂物，落叶堆积情况	与市政卫生同步
植被	植被存活状况	N
	植被外观情况，确定是否需要修剪	N
	植被是否遭受病虫害	N
	设施内杂草生长状况	N
	植被过密	2，N

注：2——6 个月一次；S——24 小时降雨量大于 10 年一遇的降水之后；F——落叶季节；N——按需要；居民报告异常情况时也应进行检查维护。

为保证设施的运行维护，各公共项目管理部门应为工作人员提供必要工具和材料，非公共项目可自备或向相关部门申请，参考材料和设备可参考表6.3.14。

植草沟维护设备材料清单表　　　　　　　　　　　　　　表 6.3.14

园林绿化设备和材料	侵蚀控制，修补材料
◇　手套，雨鞋 ◇　除草工具 ◇　枝叶修剪工具（树枝剪等） ◇　手推车 ◇　垃圾袋，垃圾桶 ◇　锄头，铲 ◇　植株	◇　筑坝材料（土，石等） ◇　修补工具（手套，锄头，铲等） ◇　手推车 ◇　消能材料（碎石，卵石等）
淤泥，垃圾清理	
◇　手套 ◇　垃圾袋，垃圾桶 ◇　手推车 ◇　扫帚，铲等	